毛葛 编著

绘造传统民居

清华大学出版社

北京

图书在版编目（CIP）数据

绘造传统民居 / 毛葛编著. — 北京：清华大学出版社，2019

ISBN 978-7-302-49936-7

Ⅰ.①绘… Ⅱ.①毛… Ⅲ.①民居—介绍—中国Ⅳ.①TU241.5

中国版本图书馆CIP数据核字（2018）第064648号

责任编辑：孙元元
装帧设计：谢晓翠
责任校对：王凤芝
责任印制：杨 艳

出版发行：清华大学出版社
　　　　网　　址：http://www.tup.com.cn，http://www.wqbook.com
　　　　地　　址：北京清华大学学研大厦A座　　　邮　编：100084
　　　　社总机：010-62770175　　　　　邮　购：010-62786544
　　　　投稿与读者服务：010-62776969，c-service@tup.tsinghua.edu.cn
　　　　质量反馈：010-62772015，zhiliang@tup.tsinghua.edu.cn
印装者：三河市春园印刷有限公司
经　销：全国新华书店
开　本：140mm×210mm　　印　张：8.875　　　字　数：141千字
版　次：2019年1月第1版　　印　次：2019年1月第1次印刷
定　价：79.00元

产品编号：073218-01

序

　　远在意大利的毛葛同学发来微信，说《绘造传统民居》要出版了，希望我能给写个推荐序。2012年，毛葛同学曾编著《绘造老房子》一书，即将出版的新书就是在此基础上完善而成的。一本面向年轻人甚至青少年的乡土建筑科普书要出版，当然是件可喜可贺的事，因为它说明市场对这本书是认可的，也说明公众对这本书是认同的。在城镇化迅猛推进而乡土建筑快速消失的时代，我们特别需要这样的书籍，来向公众尤其是年轻人传递乡土建筑的价值。

　　毛葛同学从小就喜欢和擅长画画，这也是她上大学时选择了建筑专业的原因。2005至2006年，毕业班的毛葛及其他两位同学曾跟随我做了两个学期的乡土建筑测绘和调研工作。在这期间她展现出相当强的建筑速写能力，也培养起对乡土建筑的浓厚兴趣。《绘造传统民居》的前言里有一幅四川福宝场的大速写，上面署的日期是2005年9月20号，正好是她刚进入乡土建筑研究小组做毕业设计的时间。我猜想，这幅速写对毛葛同学来说可能是有些特殊意义的吧。当年坐在福宝场的老街上画速写的时候，她会不会想到十几年后的今天会跑到意大利的一所大学里学建筑保护呢？

　　建筑和绘图有着天然的联系。学建筑就一定要学制图，还得学素描和水彩。每次设计课交图，更是学生们绘图能力的一次大比拼。可以这么说，建筑专业的人，一辈子都在和图打交道。不过，把建筑的建造活动以轻松易懂的绘图方式表达出来，倒不是常见的做法。施工图的专业复杂性就不必说了，我们在出版乡土建筑的书籍时为了尽量清晰简明,几乎把测绘图里所有的尺寸标注都去掉,目的就是让非专业的读者也能看懂这些图,但是这么做的效果似乎也不是特别好,或者说没有我们想象的那么好——对建筑专业的人来说,他们希望通过测绘图看到更多的信息;而对于非建筑专业的人来说,这些测绘图插在文字中间显得有些多余,还可能打断了他们的阅读流畅感。图文并茂,说着简单,形式上做到也不难,但是其中的度要掌握好是很不容易的。

我第一次看到以轻松易懂的绘图方式来表达出建筑的建造活动,还是七八年前在美国一家书店里。一本名为《赤脚建筑师》(The Barefoot Architect)的书,让我觉得耳目一新。它躺在一堆比拼着精细度的古典建筑图书里,显示出可爱的粗糙感,或者用现在流行的话说,是"很接地气"。美国常见的民间住宅——基本上都是简化版的传统形式,大约都收进这本书里了。每种住宅的每一个建造步骤,都以简洁明了的手绘图来表示。美国的土地制度和住宅法规,使得美国人民的住宅很多都是自己建造的,不必依赖开发商,所以这类"造房手册"就很有市场。与此同时,由于《赤脚建筑师》里收录的都是简化版的传统建筑样式,所以客观上也起到了普及传统建筑文化和延续传统建筑生命的作用。从这个角度看,我们国家的传统建筑与现代建筑之间的断档问题就显得相当严重了。

希望《绘造传统民居》这本书在普及我们自己的传统建筑文化和延续我们自己的传统建筑生命上,也能起到类似的作用。

罗德胤

2018年2月

前言

　　我对建筑的兴趣始于小时候看过的一本彩色科普小画册，书名是《你的房子，我的房子》，由国内出版社根据一本日本童书编译而成。全书不过薄薄的二十几页，书中的图画生动可爱，文字简洁而富启发性。

《你的房子，我的房子》

　　书本开篇向小读者们提出了这样一个问题：如果我们没有房子会怎样？

　　作者用简单明了的图画做出了回答：如果没有房子，下雨时会被淋湿，天晴时会被太阳晒，我们需要一个可以遮阳避雨的顶棚；光有顶棚，一刮风就不行了，于是又有了御寒挡风的墙壁；要在墙上开洞，设置供人出入的大门和透气采光的窗户；房子除了用来干活、休息、睡觉，还要有可以烧水煮饭、大小便及满足其他各种生活需求的地方，于是厨房、厕所、娱乐室等各种功能房间应运而生。房屋使我们的生活更方便、更舒适。对一个每天向爸爸提着各式"为什么"问题的小孩子来说，这本书实在太合胃口，让我爱不释手，翻了一遍又一遍。

高中毕业进入大学，因着对绘画的喜爱和幼年时就已燃起的兴趣，我选择了就读建筑专业。在五年的本科学习和之后的工作过程中我深深地体会到，建筑，并不像我当初想象的那么有趣。但我始终觉得，通过适当的方式，是可以将同一样事物讲述得更富趣味、更容易让人接受的，就像我小时候读过的那本《你的房子，我的房子》一样。

在跟随老师进行乡土建筑研究工作的几年中，我到过不少的村子，也见识了各式各样的乡土建筑。我国幅员辽阔，民族众多，地貌、气候类型多样，各地的建筑也是丰富多彩、各有特色。村里的石头围墙简单质朴，却有着优雅的体形收分变化；祠堂与大宅里的牛腿、月梁雕刻巧夺天工，是工匠们不计时间成本、忘我劳动的成果。在这些民间建筑中，我看到了过去的中国人对自己生活的深深热爱，不分民族，不论贫富。比起大批量工业化生产的现代建筑，乡土建筑具有鲜明的地域特色，它们由纯手工建造，每一座都是独一无二的。但是不幸的是，在很多人眼里，它们只是"乡下的破房子"而已。在人们还没有意识到这些建筑的真正价值的时候，老房子正在迅速地消失。我希望有更多人能像我一样，了解到乡土建筑的美，并喜爱上它们，进而重视它们、保护它们。

介绍我国传统民居的已出版的优秀书籍有很多，它们的文字系统、翔实，图纸、照片资料丰富，学术价值颇高。然而，作为看着漫画长大的"80后"一代，漫画始终是我最喜欢也最容易接受的表达方式。随着科技发展和人们生活节奏的加快，我们进入了"读图"和"信息碎片化"的时代——很多人失去了对文字的耐性，比起大段的文字阅读，人们更偏爱简单直观的图画、简短有力的文字，甚至惊悚刺激的标题。这种变化虽说不上好，但它确实已经发生了，而且很难逆转。我想，如果有一本以简单有趣的图画为主要载体、介绍乡土建筑知识的书籍，也许能引发更多人对这一学科的兴趣。而兴趣，正是最好的老师。

中国自古的士大夫传统，有一种轻视匠人的倾向。而中国人骨子里的实用主义，又让我们只重结果，不重过程。很多人认为，由匠人经营的房屋建造是程式化、技术化的，烦琐而了无趣味。但我却觉得，传统房屋的建造过程极具时间感和画面感，非常生动，蕴含了大量中国古代劳动人民的智慧。其中穿插的种种仪式讲究，虽不免有些迷信色彩，却也蕴含着大量传统文化的信息，寄托着人们对美好生活的向往。而建房的过程，正是一本以图画为主的建筑知识普及书极好的切入点。20世纪80年代之后，钢筋水泥成为全国各地最主要的建筑材料。在大多数地区，伴随着传统建筑的消失，传统的建造技艺、建房工具也已不复存在。关于传统房屋的建造知识，还是很有一些留存和介绍的必要的。

于是，我希望有这样一本书：书中的图画是有趣的，阅读过程是轻松的，而其中涉及的知识也是准确可靠的。

以上，就是您手中这本书诞生的契机。如果它能引发一部分读者对乡土建筑的兴趣，那就再好不过了。

本书是在参考诸多相关书籍的基础之上完成的，编写的过程也是我学习的过程，感谢前辈学者们所做的翔实充分的调查和研究工作。本书的目的是普及知识，以通俗易读为第一要务，并不会做深入的学术探讨。如果您对书中提到的某些内容感兴趣，可以根据附录中列出的参考书目进行扩展阅读，那些专著更全面、具体，也更有学术价值。

本书的第一部分是总述，介绍建筑的起源、影响住宅形态的因素、房屋的组成、材料及建房活动的参与者、建造工具和基本工序。其后选取了北京四合院、陕西地坑院、河南靠崖窑院、浙江徽派民居、广西壮寨干栏式住宅、湖南侗寨窨子房、福建客家土楼与蒙古包八种较有代表性的传统民居类型，介绍它们的建造过程及其他相关知识。

北京四合院是我国最具知名度的民居类型，建筑以抬梁式木构架承重，青砖灰瓦，呈围合式院落布置，格局方正，又因地处天子脚下，形制等级森严。根据古文献的记载，穴居和巢居是我国最原始的两种人工营建的居住形式。陕西省长武县十里铺村的居民采用下沉式的窑洞建造住宅，他们居住的"地坑院"即穴居这一古老居住形式在今天的延续。河南省巩义市新中村的民居形式则介于北京四合院与十里铺地坑院之间，靠崖的窑洞做正房，窑洞前有夯土或砖石砌成的房屋围合形成院落。浙江省建德市的新叶村地处江南水乡，粉墙黛瓦，山水一色，房屋采用穿斗式木构架承重，出于防晒的需求，四面房屋连为一体，中央只留一个小小的天井。位于广西壮族自治区的龙脊十三寨，采用常见于西南少数民族地区的干栏式建造住宅，底层架空，下畜上人，据说这是远古巢居形式的演变。位于湖南省怀化市的高椅村，是个汉侗两族混居的村落，他们的住宅同时拥有了汉侗两族的文化特征，一种常见于侗、苗两族的全木吊脚楼称为"木楼房";另一种带有砖砌马头墙的称为"窨子房",当地叫作"徽式建筑"。主要分布于福建漳州、龙岩等地的客家土楼,是客家这一汉族分支族群独有的住宅形式。从中原地区举族南迁的客家人,为了家族凝聚力和安全的需要,创造出了土楼这种大型集合式住宅形式,或圆或方,夯土筑墙,各间居室地位均一。广泛分布于内蒙古大草原上的蒙古包,是适应蒙古族游牧生活的可移动的居住形式,用木条、毛毡、皮绳等轻便材料建成,易搭易拆易搬运。

因个人阅历有限,我尽量选取自己亲眼见到、有过实地体验的建筑收入书中,对于没有机会去到的典型住宅样式,则全赖参考书中提供的资料,是对前人研究成果的再加工。本书选取的这几种民居样式,相对于我国丰富的传统建筑资源,实在只是很少的一部分。对于那些本书没有涉及的内容,希望以后有机会再做增补。

补充说明:

1.建房是个多人、多工种配合的大工程,耗时颇长,许多工序是同时进行的,并无严格的先后顺序,本书中所列步骤顺序亦然。

2.建房过程中所涉及的仪式、咒语,大多是依靠工匠师徒间一代代的口传心授延续下来的,不尽相同。即使在同一个地方,不同匠师主持的仪式也会有所不同,书中所记录的只是这其中的代表。

3.与照片相比,漫画具有清晰、简洁、明确的优点,但这是以省略细节为代价的。为了图示明晰、重点突出,本书插图略去了如脚手架、梯子及铺地砌墙时所拉的线绳等施工中所用的辅助工具。

四川省合江县福宝场回龙街
二〇〇五·九·二十

四川福宝场·回龙街一隅

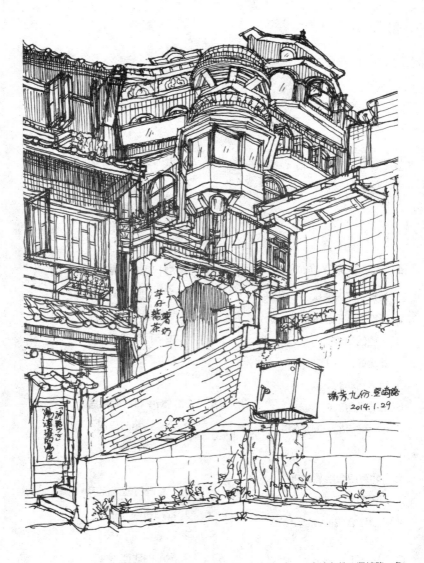

台湾九份·竖崎路一角

目录

壹　盖一座房子

1. 建筑的起源

在漫长的生物演化过程中，人类失去了厚实的皮毛与尖牙利爪，拥有了发达的大脑。相对于人类脆弱的身体，野外环境危机四伏，猛兽、毒虫与不利天气等自然条件对原始人类都构成很大的威胁。人们开动脑筋，努力适应环境。制造工具、武器，缝制衣服，将自身武装到牙齿。为了抵御风霜雨雪、狼虫虎豹的侵袭，原始人类先是利用天然洞穴作遮蔽物，进而改造环境，建造出最早的住宅。

住宅是最古老的建筑类型，也是数量最多的建筑。凡有人类居住的地方便有住宅。随后产生的其他建筑类型，其最早的形制也大多从住宅脱胎而来。根据古文献的记载，穴居与巢居是我国最原始的两种人工营建的居住形式。目前发现的新石器时期的房屋遗址有很多，其中以长江流域的干栏式建筑和黄河流域的木骨泥墙房屋为代表。一般认为干栏式建筑起源于巢居，木骨泥墙房屋则是由穴居发展而来的。

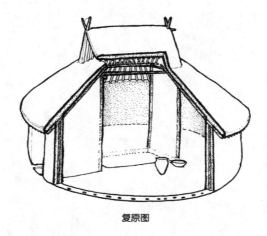

复原图

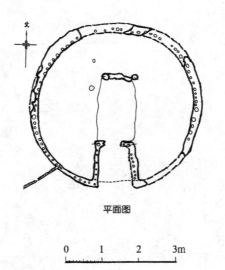

北

平面图

0　　1　　2　　3m

陕西西安半坡遗址出土的圆形房屋（《中国古代建筑史（第二版）》）

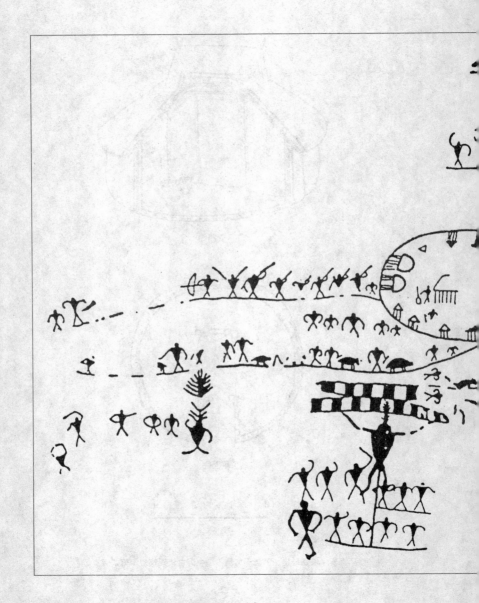

云南沧源岩画中的干栏建筑和村落(《中国民居研究》)

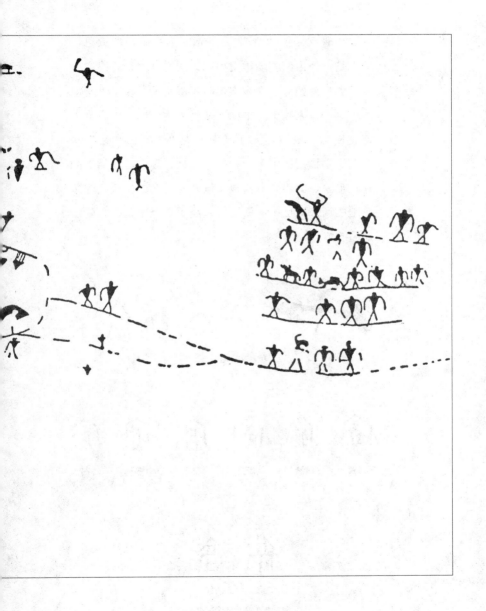

　　甲骨文中的"宀"（mián）字是屋顶的意思，字形是一个由两侧墙体支撑起来的双坡屋顶。汉字中以"宀"为偏旁的很多字都与房屋有关：檐下养猪即为"家"，人睡于屋中榻上便是"宿"，屋中有女人持家便为"安"，人在屋中便为"内"。"京"与"高"字描绘的则是一种立在高柱、高台、高墙上的建筑形象，如谷仓、宫殿、城楼等。在二里头、安阳等地的商代遗址中，就已经发现了在夯土台基上建造房屋的痕迹。

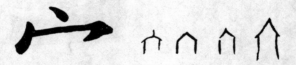

甲骨文中的"宀"字

家　宿　室　宫　安　内

以"宀"为偏旁的汉字

京　高

象征高台建筑的文字形象

2. 影响住宅形态的因素

相较于受制较多、保守而程式化的公共建筑，住宅是生活化的、地域化的，形式也更自由。住宅的形态是由一个地方的自然环境、文化环境、技术条件，以及居民的经济、社会状况等综合因素决定的。

• 自然环境

旧时，受交通条件的制约，无论人员还是物资，不同地区之间的交流都比较困难，由此便形成了明显的地域差异。

人们"因地制宜、就地取材"，利用地方材料建造适应地方环境的住所。在林地用木材、树皮建木屋；在岩石山地就用石块、石片造石屋；在黄土地用生土筑窑洞、建土坯房；在既有土地又有充足木材的地方就烧砖块砌砖房；在草原上用皮革、毛毡造毡房；在海边使用大贝壳烧石灰、砌墙；在炎热的非洲大草原上建茅草屋；在酷寒的北极冰原甚至可以造冰屋。用产自远方的材料建房，是有钱人才能做的事。各种材料力学性能的不同，是导致房屋形态差异的主要原因之一。可以说，乡土建筑是从土地里自然而然生长出来的。

近代交通条件的改善，促进了不同地区和国家之间的人员交流。随着现代建筑科学的发展，人们改用相同的建造技术和工业化的建筑材料建房。世界各地的许多建筑变得千篇一律，失去了地方特色。

千篇一律的现代工业化建筑

总的来说，我国北方冬季寒冷，南方夏日炎热，东部沿海地区多雨，西部内陆则缺乏降水。人们为不同地方的建筑找到了适应不同气候特点的建造样式。西南山区的住宅多做底层架空，这样可以隔绝地面潮气，减少毒虫侵袭，增加房屋表面积，使流动的空气带走更多热量。坡度大的屋顶有利于排水，减少雨水对房屋结构的侵蚀。北方地区的住宅墙壁厚重，可以增强房屋保温隔热的效果，冬天不致太冷，夏天不致

太热。新疆地区降水少，常做成平屋顶，这在南方是
极少见的。南方地区则有做双层屋顶的，中间夹层有
利于通风、隔热。

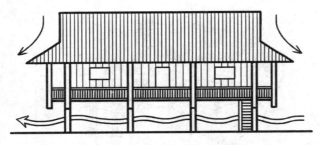

坡屋顶、底层架空、木造的干栏住宅

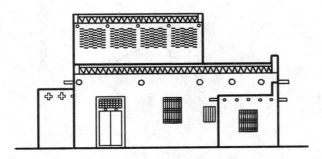

平屋顶、墙体厚重、生土造的新疆民居

南方与北方建筑单体体型差异（南方轻巧，北方厚重）

　　为了防暑降温，越往南，房屋就越开敞、开窗面积越大，越有助于空气流通。北方寒冷，冬季为争取更多日照，房屋间距做得较大，庭院宽敞。南方炎热，夏日防晒是第一要务，因此房屋间距较小，可彼此遮挡阳光。沿海地区海风大，又常有台风侵袭，房子就不能做得太高。

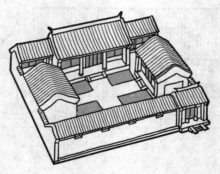

宽敞的北京四合院

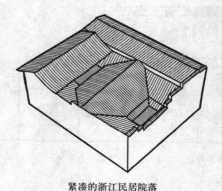

紧凑的浙江民居院落

北方与南方民居院落对比（北方宽敞，南方紧凑）

● 文化环境

过去建房受"风水"观念的影响很深。无论家宅的选址、朝向，建房各道工序的时间，还是房屋开间、进深¹的大小，构件的尺寸，都要符合某些风水上的说法，以达到趋吉避凶的目的。传统民居的院落布置大多强调中轴对称，主次分明，体现了中国人追求均衡稳定的美学观念。

传统建筑也深受封建等级制度的影响。《明史·舆服志》中记载了政府对各级府第宅院的大小用度所做的规定，从宫室、亲王、郡王、公主、百官的府邸到庶民的庐舍，可做几间几架、采用何种装饰，条条分明，不得僭越。如明洪武二十六年（1393）规定庶民房屋不能超过三间五架，不许用斗拱，不能用彩色装饰。洪武三十五年（1402）重申禁令，就算屋主的房子多、钱足够，房屋也不许超过三间。天子脚下的北京民居一直严格遵守这些规定，而在那些天高皇帝远的地方，住宅的形制和装饰就自由得多了。

生活在闽、粤、赣地区的客家人，是历经多次战乱后从中原迁移而来的汉人与当地土著居民混居杂处、繁衍而来的一支民系。作为外来族群，在新环境努力求生的过程中，客家人既要面对野兽的袭击，又

1.习惯上，我们把一栋楼（或一个房间）的主要采光面称为开间（或面宽），与其垂直的面称为进深。

要与当地原住民争夺有限的资源，有时还会遭遇凶悍的山匪。怎样才能在这种危机四伏的环境中生存下去呢？客家人选择了建立家族间强大的精神纽带、共御外敌的生存方式。与此相适应，居住于闽粤等地的客家人，抛弃传统住宅院落的长幼尊卑观念，创造出了土楼这种家族性的集合式住宅。它们或方或圆，内部几十上百个房间一律大小相等、地位均一，外部防御坚固，巍巍矗立在崇山峻岭之间。（详见第捌章）

　　少数民族住宅中有很多体现本民族文化特色的符号：古时曾以牦牛为图腾的藏族，建筑中上窄下宽的的梯形窗户象征着牛角和牛脸；苗族的半门造型是对牛崇拜的体现；蒙古包中央置炉火，象征着人们对火的崇拜。

形似牛头的传统藏式窗户及其变体

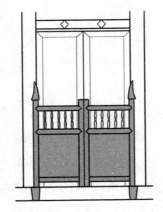

模仿牛角的苗族半门造型

● 技术条件

　　建造技术与各地不同的建筑材料相适应。同是窑洞，使用生土、土坯或砖料建造，窑洞的跨度、深度和耐久度就会有很大的差别。同样是用砖，制砖工艺的好坏决定了砖的力学性能，也决定了使用这些砖的建筑的某些特性。

3. 房屋的组成

• 地基与基础

地基是指在建筑物下支承基础的土体或岩体，分天然与人工两类。当天然土质薄弱、无法支承建筑时，便需要人为地加固和处理，可采用压实、换土或打桩的方法修建人工地基。若地基不均匀或土层不够坚实，地上的建筑轻则墙面开裂，重则歪斜，甚至倾覆。闻名世界的比萨斜塔就是因为地基下土层情况复杂、各种不同材质的土层受力不均，导致在建到第四层时就已经开始倾斜。位于苏州虎丘山上的云岩寺塔（又称虎丘塔），自明代起就因地基原因开始向西北倾斜，如今塔尖偏离底层中心2.34米，倾斜2°40′，有"中国第一斜塔"之称。

我国传统建筑的地基主要有"一块玉儿"和沟槽两种形式。"一块玉儿"是"满堂红"大开挖，建筑占地范围之内全部挖掉，常用于重要的宫殿建筑。普通小式建筑和一般大式建筑[2]则采用沟槽的地基形式，沿承重墙位置开挖。

---

2. 清官式建筑构架有大式、小式之分。大式建筑等级较高，多用斗拱。

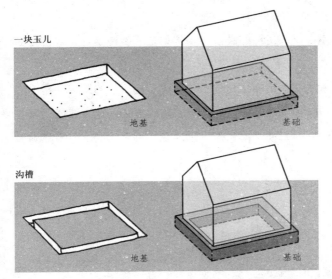

两种地基开挖形式

　　基础是建筑底部与地基接触的承重构件。沟槽基础槽宽是墙厚的两倍以上，深度视土质而定，且应在冰冻线以下。基础是分层夯筑的，每一层称为"一步"。地基用素土夯实或三成白灰、七成黄土拌合而成的灰土夯筑。除去上述的灰土基础，还有用砖、石砌筑的基础形式。柱子下方安放磉石，是独立基础的一种。讲究的建筑用砖、石砌成台基，台基露在地面之上的部分称为台明。

● 屋架

结构体系是支撑房屋的骨架。木构架是我国传统建筑最常见的结构形式。穿斗式与抬梁式是我国木构建筑最主要的两种类型。

穿斗式木构架先用穿枋把柱子串联成一榀一榀的屋架，再沿檩条方向用斗枋将柱子串联起来，形成整体的框架。穿斗式屋架木材用料小，整体性强，柱子排列密，室内空间不大，广泛用于我国南方地区。

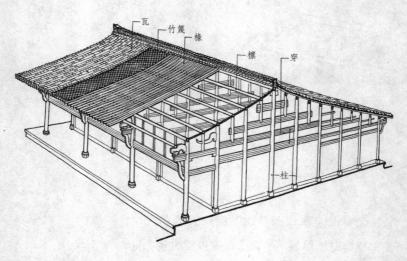

穿斗式木构架示意图
（《中国古代建筑史（第二版）》）

抬梁式木构架在柱上搭梁，梁上再放矮柱，矮柱上搭短梁，由此层叠而上。抬梁式屋架跨度大，用材较粗壮，可取得较大的室内空间，多用于我国北方地区及宫殿、庙宇等规模较大的建筑物。为获得更大的室内空间，我国南方的祠堂、庙宇、厅堂也会使用穿斗式与抬梁式混用的构架形式，两侧山墙处屋架用穿斗，靠中间开敞部分用抬梁，各取所需。

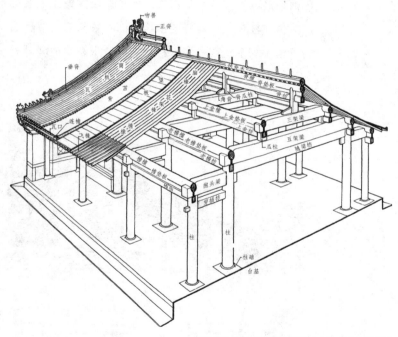

抬梁式木构架（清代七檩硬山大木小式）示意图
（《中国古代建筑史（第二版）》）

中国古建筑有"墙倒屋不塌"的说法，描述的就是穿斗与抬梁这两种结构形式的房屋，建筑的承重结构与维护系统脱开，是中国传统建筑的主流。

在林木茂密的山林地区，还会见到井干式结构的建筑。房屋不用立柱和梁，木料平行向上层层叠置，纵横方向在转角处交叉咬合。

除去纯粹的木构架体系，民居中常见的还有硬山搁檩的砖木混合承重形式，檩条直接搁置在山墙头而非搭在柱头上。这样的结构平面布置灵活、节约木料，但不利于抗震。在木材稀缺的黄土高原地区，人

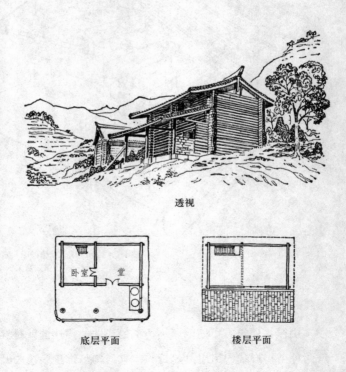

透视

底层平面   楼层平面

云南南华县马鞍山井干式住宅 （《中国古代建筑史（第二版）》）

们还采用土坯或砖石砌筑拱券，专业术语叫"发券"的结构形式建造窑洞。

• 墙体

房屋墙体按排布位置可分外墙和内墙两类，按排布方向可分纵墙与横墙两种。外墙是建筑的主要维护部分，可以保温隔热、挡风隔音等；内墙位于房屋内部，起到分隔室内空间的作用。沿建筑物短轴方向布置的墙称为横墙；沿长轴方向布置的称为纵墙。其中侧面端头的两道外横墙又叫山墙，因其上部与山形相似的形状而得名，山墙通常为承重墙；外纵墙又叫檐墙，通常只起维护作用，可以开门窗洞口。土、石、砖、木甚至贝壳，都可以作为建造墙体的材料。

• 屋顶

屋顶是房屋顶面的保护部分，可以遮阳、避雨。有了屋顶，才真正将室内与室外空间分隔开来。民居中常见的坡屋顶样式主要有硬山和悬山两种。硬山的檩头被包裹在山墙内；悬山的檩头伸出墙外，屋顶随着檩条悬于山墙外侧，伸出部分可保护其下墙体少受风雨侵蚀，讲究的会有博风（又称搏风板、搏缝板）钉在檩条顶端，既起保护檩头的作用，又有装饰效果。

双坡屋顶的屋脊有两种处理方式：一种两坡相交

处不作大脊，由瓦垄直接卷过屋面形成弧形的曲面，称为卷棚顶；另一种相交处有一条明显的正脊，屋顶两侧还有四根垂脊。卷棚顶的线条流畅舒展，多用于园林建筑。在同一院落中，卷棚顶的房屋通常比有正脊的房屋等级低一些。

硬山卷棚顶

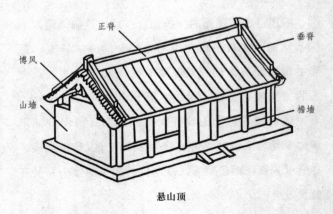

悬山顶

硬山卷棚顶与悬山顶

屋顶防雨的功能主要是通过铺瓦来实现的。在北方地区，为了室内保温的需要，瓦下还需铺上一层厚厚的灰背，以增加屋顶的厚度。南方的屋面则大多轻巧，直接在椽子上铺瓦即可。

• 门窗

门是建筑的出入口，是人们进出建筑最先看到，也最常经过的地方。商业建筑又叫门面、门脸，因大门是房屋的"脸面"，所以是装饰的重点部位。民居中常见的屋门有雕刻精美的隔扇、实心的板门，还有与其他门扇配合使用的半门。

窗的主要功能是采光、透气，分为活动的开启窗与固定的死窗两种类型。旧时没有玻璃，人们把木质的门窗做上密密的分格，再用纸糊起来挡风，因此带空栏格子的门扇或窗扇又叫作隔扇。传统的窗扇虽大多精雕细刻得十分好看，但透光性不好，保温性能也不佳，因此后来很容易就被玻璃窗取代了。

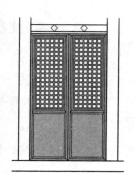

隔扇

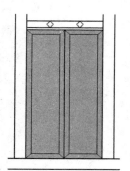

板门

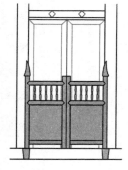

半门

隔扇、板门与半门

4. 建房的材料

• 生土

"生土"指未经人类扰乱过的原生土壤，与被开垦过的"熟土"相对。生土在建筑中的用法主要有三种：一是直接将土层掏空、挖掘窑洞；二是夯打土墙、筑泥垛墙；三是先用模具做成土坯砖，再用来发券、砌墙。生土有就地取材、造价低廉、易于施工的优点，可以说是最自然、最环保的建筑材料。受材料自身的限制，生土建筑开间较小、可开的洞口小，因此通风、采光效果不佳，室内潮湿，耐久性差。

• 木材

木材可分为针叶树材和阔叶树材两大类。针叶树树干高直，易出大材，木质较软，易加工，开裂和变形小，适于作结构用材。阔叶树质地坚硬，较难加工，易翘裂，纹理美观，适用于室内装修和家具制作。

木有三善：一曰直；二曰长；三曰肥[3]。我国北方地区建房常用松木，南方则多用杉木。很多地方还有"头不顶桑、脚不踩槐"的说法，忌用桑木做梁檩、用

---

3. 李浈：《中国传统建筑木作工具》，上海：同济大学出版社，2004，第57页。

槐木做门槛，因"桑""槐"分别与"丧""坏"谐音，不吉利。伐好的木材需至少放置干燥半年以上，除去多余的水分后方可使用，以免加工后构件过度变形。

随山刊木图（《钦定书经图说》）

● 石材

岩石的成因、产地不同，颜色、质地、特性就各有不同。常用的石料有青白石、汉白玉、花岗石、青砂石、花斑石等。花岗岩的质地坚硬、不易风化，但雕刻困难；青白石质地较硬、质感细腻，适于雕刻。不同产地的砂石质量差异很大，有的质地细软、易风化，有的却很坚硬。石材多被用在房屋的台基、墙身、柱础、台阶、地面等位置，门窗过梁、边框也常使用石料制造。

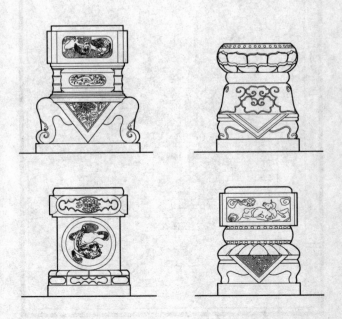

河南康百万庄园中的石雕柱础装饰（赵晓梅绘制）

　　北京门头沟地处山区，人们用大片石头做成石板瓦覆盖屋顶。福建泉州盛产石材，那里有大量石头房屋，称为"石头厝（cuò）"，从地基、地面到墙柱、门窗框，无不用大块花岗石做成，可谓一大地方特色。

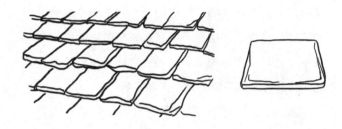

石板瓦

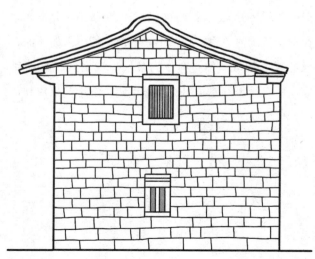

泉州石头厝

● **砖瓦**

砖瓦是以黏土为原料，经过泥料处理、成型、干燥、高温焙烧等步骤制作而成的，以青色为主。

黏土砖价格便宜，经久耐用，有防火、隔热、隔声、吸潮等优点，通常被用来砌筑墙体和地面。古建筑施工中常用的砖料有城砖、停泥砖、沙滚砖、开条砖、方砖、杂砖等，它们的大小规格各不相同，在建筑中的位置、用法也不同。在讲究的院落中，如北京一些官员、富商的宅邸，还要对砖料进行砍削、打磨，使其符合高等级的施工工艺要求。

我国近现代最常用的砌体材料红砖即实心黏土砖。红砖虽经济耐用优点众多，但挖土烧砖不仅占用耕地，还会消耗大量煤炭资源，能耗相当高。从20世纪90年代末开始，我国政府部门颁布条例，分批次地在全国范围内禁用实心黏土砖，推广使用更加环保、低能耗的新型墙体材料作为替代。规定到2010年年底，所有城市都要禁用实心黏土砖，将年产量控制在4000亿块以下。

泥造砖坯图（《天工开物》）

砖瓦济水转釉窑图（《天工开物》）

　　按材料不同，常见的瓦片有用黏土烧制而成的青瓦，有在宫殿、庙宇等高规格建筑中使用、釉色光润的琉璃瓦等。按形状不同，民居中常用的有板瓦和筒瓦两种。此外，还有用在屋脊端头的脊兽和檐口部位的瓦当、滴水等特殊造型的瓦件。板瓦瓦面较宽，带有弧度，由筒形陶坯四剖或六剖制成，即为整个圆周的1/4或1/6。筒瓦的弧度较大，成筒状。按瓦片铺设位置和方式的不同，可分为仰瓦和俯瓦两种。仰瓦凹面向上，又叫底瓦；俯瓦凸面向上，又叫盖瓦。俯瓦在下，仰瓦倒扣在两垄俯瓦之间。最常见的铺瓦方式有合瓦屋面和筒瓦屋面两种。合瓦又叫阴阳瓦、蝴蝶瓦，俯瓦仰瓦全用板瓦；筒瓦屋面的盖瓦用筒瓦，底瓦用板瓦。

　　北方部分地区还有一种名为"棋盘心"的屋顶样式，屋面的中下大部分面积不铺瓦片，做成灰背或石板瓦，远看就像棋盘一样。

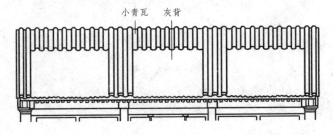

棋盘心屋面

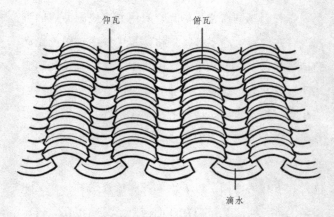

仰瓦   俯瓦

滴水

小青瓦合瓦屋面

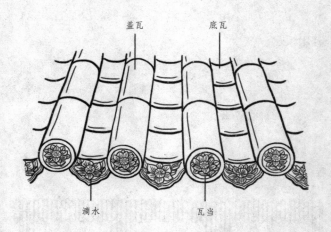

盖瓦   底瓦

滴水   瓦当

琉璃瓦筒瓦屋面

各部位瓦件名称

　　用黏土烧制的砖瓦比石材容易造型，比木材更耐腐蚀，是理想的室外装饰材料。传统建筑的檐下、墀头、山花、屋脊等部位常能见到精美的砖雕构件。

河南康百万庄园中的砖雕照壁装饰（夏超然绘制）

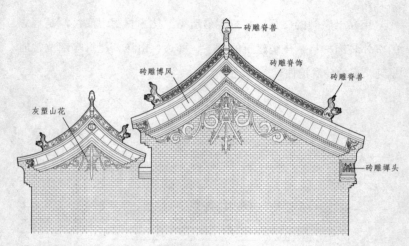

河南康百万庄园中的山墙装饰（赵晓梅绘制）

• 灰浆

石灰是人类最早应用的胶凝材料。灰浆是材料间的黏合剂，也是作业面找平、外表面修饰的主要手段。

在我国大部分地区，石灰是用石灰石、白云石、白垩等碳酸钙含量高的原料经高温煅烧而成的。在福建、广东、浙江等沿海地区，则普遍采用海中的牡蛎壳、蛤壳等贝壳为原料，煅烧成灰使用，称为"蜃灰"或"蛎灰"，俗称"白玉"。传统建筑中常用灰浆的种类繁多，有"九浆十八灰"[4]的说法。不同成分、不同配合比例的灰浆，有不同的特性和用途，用法十分讲究。

4.九浆十八灰，指传统建筑中常用的二十七种灰浆。九浆：青浆、月白浆、白浆、桃花浆、糯米浆、烟子浆、砖灰浆、铺浆、红土浆等。十八灰：生石灰、青灰、泼灰（面）、泼浆灰、煮浆灰、老浆灰、熬炒灰、滑秸灰、软烧灰、月白灰、麻刀灰、花灰、素灰、油灰、黄米灰、葡萄灰、纸筋灰、砖灰等。

凿取蛎房图（《天工开物》）

煤餅燒石成灰

燒蠣房法

煤饼烧石成灰图（《天工开物》）

● 其他

除了上述传统民居中常见的建筑材料，还有一些材料只在局部地区、局部族群的建筑中使用，别具特色。

生活在北方草原地区的游牧民族利用动物皮毛做成的毛毡、皮绳建造住宅。西南少数民族地区有的用树皮铺在屋顶上挡雨。闽南沿海地区的人们用海中的牡蛎壳砌墙建造蚝壳厝，这些大牡蛎壳据说是过去出海的商船回程时用于压舱带回来的。藏族人将做燃料用的牛粪糊在外墙上，既晾干了牛粪，又是很好的墙体保温、防护措施；或像汉族人做土坯砖一样，将牛粪做成砖，用来砌围墙、搭牛羊圈。

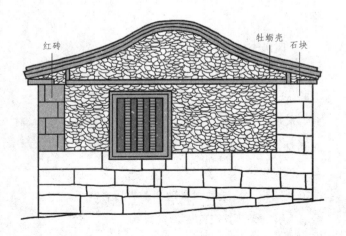

红砖　　　牡蛎壳　石块

由多种材料建造的泉州蚝壳厝

5. 建房活动的参与者

• 屋主

我们一天的大部分时间都生活在住宅中。一个人的生老病死，大多离不开住宅。人们对生活的热爱，也就自然地投射到对住宅的情感之中。古时候那些在外当官、做生意挣了钱的人，总要衣锦还乡，在家乡盖一座最好的房子。

建房是家中大计，需要耗费大量人力、物力、财力和时间。旧时，盖房、娶妻、生子都是人生大事。盖了房子，才好娶媳妇、生孩子。父母通常要为儿子结婚准备住房。这个传统延续到现在，演变成了年轻人先买房后结婚，甚至不买房就不结婚的社会现象。

• 风水先生

风水先生，又叫地理先生、阴阳先生、堪舆师，主要从事相地、择吉的工作。"相地"即看风水，依据山水形势，选择宫殿、村落、庙宇、住宅、坟地等的基址方位，确定朝向。若有房屋建起后诸事不顺的，也可以请风水先生来"改风水"。"择吉"是为婚丧、祭祀、修造等大事选择"吉日吉时"。专事择吉的人又称为"择日师"。

建房、娶妻、生子的循环

堪舆罗盘，又有罗经、罗庚、罗镜等叫法，是风水先生的看家饭碗、选址定位时的必备工具。使用罗盘定位、确定建筑中轴线，在风水术语中称为牵庚、分金。

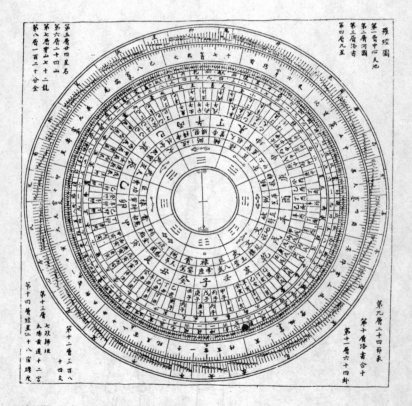

明清时期一器多用的罗经（《风水理论研究》）

风水术又称堪舆学、相地术等，分峦头派（江西派）与理气派（福建派）两大流派[5]，其下又分许多小门派。风水术最初的目的旨在挑选舒适、合宜的居住环境，虽然带有一定的迷信色彩，但也具有一定科学道理。

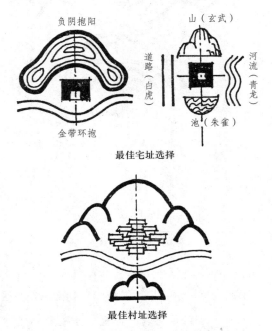

风水观念中宅、村的最佳选址（《风水理论研究》）

5. 关于风水术流派的说法不一，这里只介绍最常见的一种。峦头派又称江西派、形势派，是以杨筠松、曾文遄、廖禹、赖文俊等人的理论经验为基础发展而来的门派。峦头派讲究看山川形势，其下又分形势派、形象派、形法派三个门派。理气派又称屋宅派或三元理气派，它将阴阳五行、八卦、河图、洛书、星象、神煞纳音、奇门、六壬等观点都纳入其中，形成了一套十分复杂的风水学说。理气派下分八宅派、命理派、三和派、翻卦派、飞星派、五行派、玄空大卦派、八卦派、九星飞泊派、奇门派、阳宅三要派、二十四山头派、星宿派、金锁玉关派等14个小门派。

1. 祖山
2. 少祖山
3. 主山
4. 青龙
5. 白虎
6. 护山
7. 案山
8. 朝山
9. 水口山
10. 龙脉
11. 龙穴

最佳城址选择

风水观念中城的最佳选址（《风水理论研究》）

　　例如，村落选址讲究背有靠山，前环腰带水，不能为反弓水，房屋最好朝东朝南。在我国大部分地区，东南与西北季风是夏、冬两季的盛行风向。夏日，微风带来门前河水的清凉；冬季，宅后的山体阻挡了寒风的侵袭；房屋向东向南，全年均可获得最充足的光照。反弓水会不断侵蚀土地，自然不吉。从住宅到村落、城市的选址，规模虽然相差悬殊，基本的道理却是相通的。而风水学说在这些朴素道理之上的玄而又玄的内容，心理暗示的成分就比较大了。

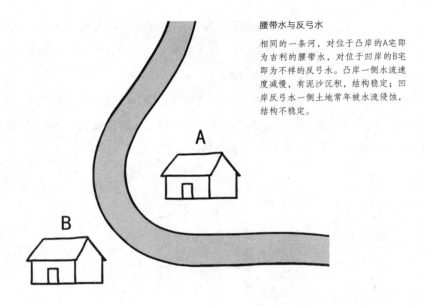

腰带水与反弓水

相同的一条河，对位于凸岸的A宅即为吉利的腰带水，对位于凹岸的B宅即为不祥的反弓水。凸岸一侧水流速度减慢，有泥沙沉积，结构稳定；凹岸反弓水一侧土地常年被水流侵蚀，结构不稳定。

　　中国传统讲究谦虚、避让，居民住宅绝少会取正东、正西、正南、正北的朝向，需与正向偏转一个角度，称"抢阴"或"抢阳"多少[6]，就连皇宫也不例外。正向即纯阴或纯阳，锋芒太过，普通人家"承受不起"。

　　历史上的很多名人都被后世赋予了风水大师的头衔，如三国时期的蜀国名相诸葛亮，明朝"神机妙算"的开国元勋刘伯温等。唐人杨筠松（834—900），名益，字叔茂，号救贫。他主张因地制宜、因形择穴、观察龙脉、分析地势方位，从而择定阴宅、阳宅的最佳位置。杨筠松是峦头派的开山祖师，故峦头派又称为杨派风

6. 王其明：《北京四合院》，北京：中国书店，1999，第57页。

水。传说他用风水术扶危济困，使贫者致富，被世人称为"杨救贫"，死后尊为"杨公先师"。在我国南方一些地区，杨公先师与鲁班仙师并列，是修造活动的守护神。

过去，人们的文化程度低，识字的人很少。做风水先生要能读会写、能说会道。先生给雇主讲出的门道越多，越能使人信服。古时从事这一行业的多是些不得志的知识分子。

太保相宅图（《钦定书经图说》）描绘的是《周书·召诰》中周成王为建造洛邑派太保相地、选址的场面）

● **工匠**

房屋的建造由一个工匠班子协同完成，工程越大，房屋的建造等级越高、做工越精细，需要的工种及工人数量也就越多。常见的工种有木匠、泥水匠、石匠等，各工种的工作由一个经验丰富的匠师带领若干工人、小工完成。

成造木子图（清乾隆《武英殿聚珍版程式》）

木匠

我国传统木工工作分为"大木作"与"小木作"两类，匠人分别称"大木匠"与"小木匠"。大木作是我国木构建筑的主要结构部分，由柱、梁、枋、檩等组成，是决定木构架建筑比例尺度和形体外观的重要因素。小木作是建筑木构件中的非承重部分，清工部《工程做法》中称为装修作，分外檐装修与内檐装修两类，包括门、窗、隔断、栏杆、天花、藻井、墙板、地板及外檐装饰等。

在以木构架为房屋主要结构形式的我国大部分地区，有经验的大木匠是建房工程的负责人，承担房屋设计、造价估算和各工种协调的工作。乡村中极少有专职的木匠，多是由农民兼任，因此建房一般选在农闲时节进行。

鲁班是木匠行业的祖师，本名公输般，生活在春秋战国之交的鲁国。鲁班心灵手巧，擅造宫室台榭，有多项杰出的发明创造，人称"巧圣仙师"。当今中国建筑行业工程质量的最高荣誉奖项也是以"鲁班"命名的。传说木匠做工常用的曲尺、墨斗、锯子、刨子、钻子、凿子等工具，都是鲁班发明的[7]。除

---

7. 实际上，这些工具中的很多在新石器时代就已出现。与其说是鲁班"发明"了这些工具，不如说"改良"更贴切一些。鲁班早已不是一个人，而是中国古代万千能工巧匠的化身。

此之外，他还发明了铲子，加工粮食用的砻[8]、石磨、碾子，攻城用的云梯和水战用的钩强[9]等。《墨子·鲁问》中甚至说他削竹木做成一只鸟，连飞三天不落地。木匠开工前都会举行拜祭鲁班仙师的仪式，祈求工作顺利（详见本书第219页）。

泥水匠

泥水匠又叫瓦匠、砖匠、砖瓦匠等，负责与泥水灰浆有关的工作，如打地基、砌墙、墁地、铺瓦、粉墙、打灶等。泥水匠奉荷叶仙师为行业祖师。荷叶仙师又名"芋叶仙师"，相传他是鲁班的及门弟子，发明了泥水匠的工具。

北方的冬天非常寒冷，出于保温的需要，建筑的墙壁、屋顶都比南方厚实很多。北方建筑一般砌实心砖墙，南方则常用空心砖墙。北方建筑的屋顶，檩子上铺草席或望板，其上再做一层灰浆和泥土混合而成的灰背，称为"苫（shàn）背"，之后才会铺瓦；南方建筑的屋顶有的会铺一层望板，有的则连望板都没有，椽子上直接铺瓦。

打地基涉及打夯平整地面的工作，除了砖墙、石头墙，也有用夯土筑成的土墙，这些土活通常也是由泥水匠负责的。在陕西一带还有专门的"土匠"。

8.砻（lóng），去掉稻壳的农具，形状略像磨，多以木料制成。
9.钩强，也叫"钩拒"。古代水战用的争战工具。对败退的敌船能钩住，对进攻的敌船能抗拒。

粉墙

砌墙

墁地

石匠

  石匠负责打造建房所用的礓石、石柱、石础、石勒脚、台基、天井、旗杆石、抱鼓石等。我国绝大多数石匠奉鲁班为行业祖师。因为女娲炼石补天的传说，我国南方部分地区也奉女娲为石匠的行业神。

石头的种类不同，颜色和花纹就不同，加工的难易程度也不一样。乡土民居一般选用当地的石料进行加工。有的地方的石料质地松散，虽便于雕刻，却很容易风化，不能长久保存。这时，有钱人家便会从远方采买质量好的石料使用。

凿石

锯石

石雕

6. 建房常用工具

● 土作常用工具

"夯"字，从大从力，表明劳动时要花很大的力气。常用的夯土工具有夯、碢、拐子、铁拍子、搂耙等。夯是最主要的夯筑工具，多由榆木制成。根据夯的形状和夯底的大小，可分为**大夯**、小夯和**雁别翅**三种，分别由4人、2人和1人执夯操作。**碢**由熟铁或石头制成，靠多人合力操作，按重量可分为8人碢、16人碢和24人碢等。**拐子**即小些的夯，用来"打拐眼"。对于圆形底面的夯和碢无法覆盖的地基边角部位，会使用铁拍子拍平。搂耙用来将虚铺的灰土摊平。除了上述工具，人的双脚也可用来夯实基础，使用双脚踩实虚铺的灰土称为"纳虚踩盘"。打地基时还有一道"落水"的工序，洒水洇湿底层的灰土，使其中的石灰充分熟化。

夯土是反复提起重物、将土层砸实的过程，劳作时需要多人协同配合，过程机械、枯燥。为了协调打夯的节奏，增加劳动乐趣，打夯时往往会有一人领唱、众人合唱打夯歌。夯歌的歌词有些是固定的，有些是领唱人根据现场情况抓的"现挂"，现编唱词，很能活跃气氛。

现在施工普遍使用电动打夯机。

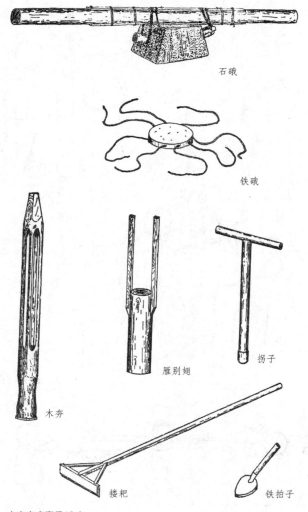

石硪

铁硪

木夯

雁别翅

拐子

搂耙

铁拍子

大夯夯底直径12.8cm
小夯夯底直径9.6cm

土作常用工具（《中国古建筑瓦石营法》）

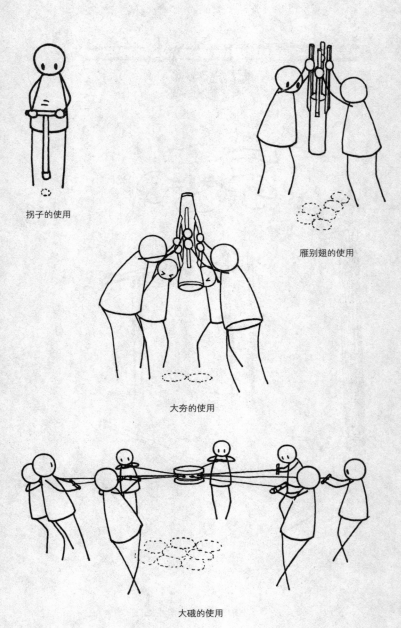

拐子的使用

雁别翅的使用

大夯的使用

大碰的使用

● **木作常用工具**

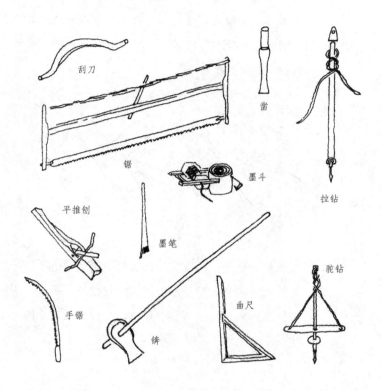

刮刀

锯

凿

墨斗

拉钻

平推刨

墨笔

手锯

锛

曲尺

驼钻

清《河工器具图说》所载木工工具（《中国传统建筑木作工具》）

从一棵大树到建房时所用的木构件，木材的加工要经过伐木、解木（将整棵木材分解为小块）、平木（平整木料表面）、穿剔（钻孔）等步骤，其中平木工序又分粗平木、细平木、光料三个粗细等级[10]。

10. 李浈：《中国传统建筑木作工具》，上海：同济大学出版社，2004，第129页。

　　木马，是由三段圆木拼装而成的架子，用来搭放木料，一般成对使用，是木匠工作的平台。木马架起，木匠才能工作，黄历"择吉"中有"起工架马"一说，即木工开工之意。

一对木马

　　斧，纵刃，刃宽，后部有柄。其用途广泛，可用来伐木、破材、粗平木，斧扣可做敲击之用。斧头的使用贯穿木作加工的各个环节，是最具代表性的木工工具，因此有"班门弄斧"的说法。

剥树皮、粗平木　　　　　　　用斧扣敲击挖槽

　　锯，长直的薄刃上有齿，是常用的解木工具，也用于伐大树。近世木工用锯有刀锯、弓锯、框锯等，有的单人使用，有的需双人或多人配合使用。

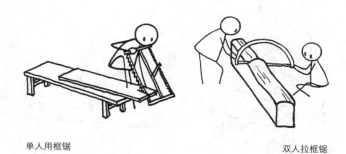

单人用框锯　　　　　　　　　　　　　　　　双人拉框锯

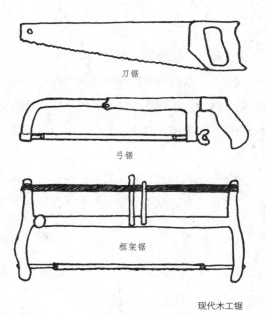

刀 锯

弓 锯

框 架 锯

现代木工锯

斤[11]（锛），是古代常用的粗平木工具，横刃，近世也有使用，长柄短柄的都有。长斤使用时操作面在脚旁，距离眼睛很远，较难掌握。

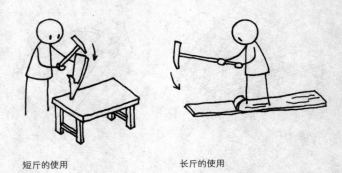

短斤的使用　　　　　　　　　长斤的使用

刨子和刮子是近世常见的平木工具。

刨子，主要有平推刨和线脚刨两种，一般由刨身（刨堂、槽口）、刨铁（刨刀）和刨枕（垫在刨铁下的一块楔木）等部分组成。使用时，由后向前推出，用来刨直、削薄、出光、作平物面。

刮子，又叫刮刀，形如弯月，两边有手柄。使用时，由前向后拉动刮削物面，与刨子的操作方向正好相反。

---

11. 金文和甲骨文中的"斤"字是斧头的意思。

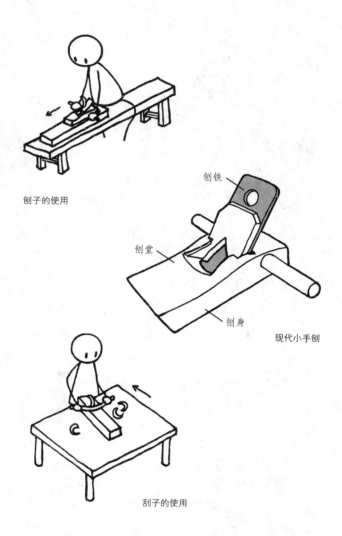

刨子的使用

刨铁

刨堂

刨身

现代小手刨

刮子的使用

凿和钻是常见的穿剔工具。

凿，是刀刃器，操作时用槌或斧扣敲击凿子的顶部，在构件上挖槽、穿孔、雕刻图案。

凿子的使用

　　钻，本义即穿孔。钻头尖，呈锥状，借旋转之力在构件上穿孔。钻的发明可以追溯到"钻木取火"之前。古时，人们用双手搓转带钻头的钻杆，后来发明了有线绳的拉钻和舞钻，操作更加方便、省力。驼钻有石制的钻驼、线绳和压杆，是舞钻的一种。

驼钻的使用

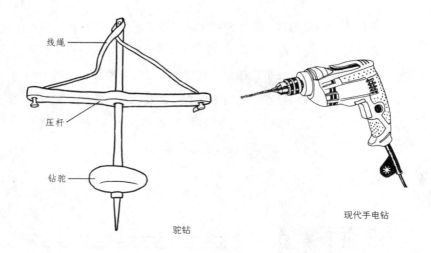

线绳
压杆
钻砣

驼钻

现代手电钻

• 瓦作常用工具

瓦（wà，此处作动词）刀由薄铁板制成，形状似刀，既可砍削砖瓦，又可涂抹泥灰，是瓦工砌墙的主要工具，也用于瓦活修补屋面时的赶轧。抹子、鸭嘴用来抹灰，抹子抹大面，鸭嘴较小，可以抹普通抹子抹不到的窄小区域。灰板是抹灰时盛放灰浆的工具。做工时，泥水匠一手拿灰板托灰；另一只手拿抹子等工具抹灰。

瓦刀

灰板

抹子

鸭嘴

砌墙、抹灰常用工具
（《中国古建筑瓦石营法》）

　　平尺用薄木板制成。小面要求平直，短平尺用于砍砖画直线，检查砖棱的平直与否；长平尺又叫平板，用于砌墙、墁地时检查砖的平整度及抹灰时的找平、抹角。方尺是木制的直角拐尺，用于砖加工时直角的画线和检查，也用于抹灰等需要找方的工作。扒尺是木制的丁字尺，主要用于施工放线时的角度定位。蹾锤是墁地工具，用来将地砖蹾平、蹾实，近代多用皮锤代替。

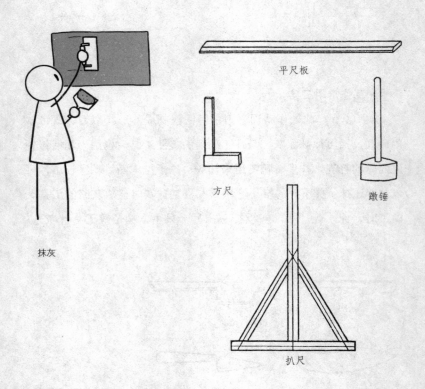

平尺板

方尺

蹾锤

抹灰

扒尺

尺类、墁地平整工具（《中国古建筑瓦石营法》）

　　刨子、斧子、扁子、煞刀、錾（zàn）子、木敲
手、磨头、矩尺、包灰尺都是砖料加工的工具，用来
把砖面磨平，或经度量画线后将砖砍削、切角，加工
成所需要的形状。

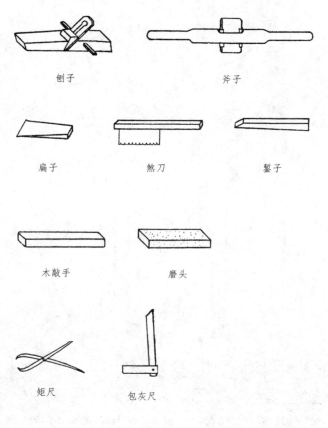

砖加工常用工具（《中国古建筑瓦石营法》）

• **石作常用工具**

常用的石料加工工具有錾子、楔子、扁子、刀子、锤子、斧子、剁斧、哈子、垛子、无齿锯、磨头，以及各种尺子、墨斗、线坠等。石料加工的手法有劈、截、凿、扁光、打道、刺点、砸花锤、剁斧、锯、磨光等[12]。

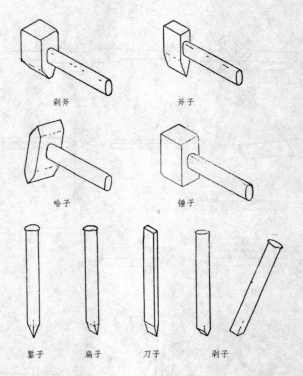

剁斧   斧子

哈子   锤子

錾子   扁子   刀子   剁子

常用石作工具（《中国古建筑瓦石营法》）

---

12. 刘大可：《中国古建筑瓦石营法》，北京：中国建筑工业出版社，1993，第265—268页。

● 测量工具

测量工具是建房过程中必不可少的。"规"可以画圆；"矩"即曲尺，用来描画垂直关系；水"准"可以测平，确定建筑的基准面及各部分间的高程关系；悬"绳"可以取直，用墨斗在平面上弹画直线，在垂直方向上确保墙、柱的稳固。《管子·乘马》中有"因天材，就地利，故城郭不必中规矩，道路不必中准绳"的句子，讲的是做事要从实际情况出发。"规矩"和"准绳"原本是测量工具的名称，后来引申出"标准""法度"的含义。

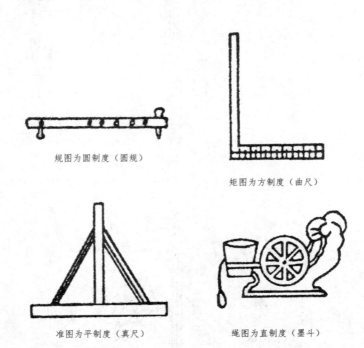

规图为圆制度（圆规）

矩图为方制度（曲尺）

准图为平制度（真尺）

绳图为直制度（墨斗）

规矩准绳（《三才图会》）

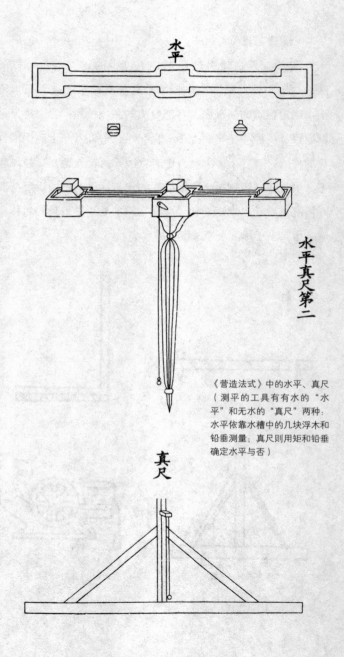

水平

水平真尺第二

真尺

《营造法式》中的水平、真尺
（测平的工具有有水的"水
平"和无水的"真尺"两种：
水平依靠水槽中的几块浮木和
铅垂测量；真尺则用矩和铅垂
确定水平与否）

墨斗，古称"绳墨"，用来弹画墨线、矫正曲直，是工匠必备之物，也被看作鲁班的化身。不光是木工，墨斗在泥、石、瓦等各工种中都有广泛的应用。

木工使用的度量衡有普通尺和鲁班尺两种。鲁班尺是一套与玄机八卦之学有关的建筑尺法，是一种迷信。刻有鲁班尺的直尺称为"鲁班真尺"。因鲁班真尺多用来确定房门的尺寸，故又有"门光尺""门公尺"的叫法。

一鲁班尺的长度相当于一普通尺的1.44倍。按字面意思理解，尺上的财、义、官、吉（本）四字为吉，病、离、劫、害四字为凶，但实际使用中也不尽然。根据主人身份和建筑用途的不同，尺寸的尾数要落在相应的字上才算吉利。《鲁班经》中记载了押韵易记的鲁班尺用法诗文，教人判断吉凶。现代人将鲁班尺法印在钢卷尺上，制成公制与鲁班尺复合的卷尺使用。

财木星	病土星	离土星	义水星	官火星	劫金星	害金星	本木星

《三才图会》所载之门光尺（《北京四合院建筑》）

7. 古代建房的一般步骤

　　常言道"教会徒弟，饿死师傅"，匠人掌握的技艺不会轻易外传。旧时人们的文化水平普遍较低，工匠大多是文盲，并不识字，再加上保密的需要，手艺的传承主要靠师徒间的口传心授，或以简单的抄本形式在少数匠人中流传。与传统西方社会的看法不同，掌握话语权的中国士大夫一族只将建筑视作匠人的技术，而非一门值得研究与鉴赏的艺术，故很少有人著书论述。

　　宋初木工喻皓著《木经》三卷，对建筑整体及各构件的比例、尺寸有详细的论述。此书失传已久，只在沈括《梦溪笔谈》中留有简略的记载。后李诫在《木经》的基础上编制《营造法式》一书，于宋崇宁二年（1103）刊行全国。这是北宋官方颁布的一部建筑设计、施工规范用书，对各级房屋的建造工程实行严格的工料限定，以杜绝腐败贪污现象。《营造法式》中总结了大量建造的技术经验，采用了"材""分""栔"（qì）的模数制。其后的清工部《工程做法》，刊行于雍正十二年（1734），是清代官式建筑通行的标准设计规范。与《营造法式》和清工部《工程做法》所记载的官式建筑做法相对的，是以《鲁班经》为代表的（同时也是流传至今的唯一一本）民间匠师业务用书。

● 《鲁班经》中的建房步骤

《鲁班经》原名《工师雕斫（zhuó）正式鲁班木经匠家镜》或《鲁班经匠家镜》，成书于明代，由午荣汇编。全书有图一卷、文三卷，主要流布于安徽、江苏、浙江、福建、广东一带。书中内容包括民宅建造的择吉、工序和仪式，鲁班真尺的使用方法，建筑的形制与构件样式，常用家具、农具的式样，以及大量风水歌诀和魇镇禳解符咒，部分章节带有浓厚的迷信色彩[13]。

根据《鲁班经》的记载，建房要经过画起屋样、起造伐木、起工破木、动土平基、定磉（sǎng，即柱子底下的石墩）扇架、竖柱、上梁等步骤，每步都要择定吉日进行，避免冲煞。

"姜太公在此百无禁忌" 符咒

---

13. 《鲁班经》中的符咒分匠人用和主人用两部分，包含浓厚的巫术成分。古时匠人地位低，有的主人不善待工匠，不仅粗茶淡饭还会克扣他们的工钱。为了制衡房主、免遭欺凌，工匠们便想出了这些符咒法术，在房屋的某处藏一些特定的物品，据说可诅咒主人破财、灾病甚至丧命，另一些则可保房主平安、大吉大利。工匠有工匠的法门，《鲁班经》中也为主人提供了相应的破解之法，使二者相互制衡。

　　经验丰富的大木匠根据场地条件和主人的要求"画起屋样"，进行房屋设计。"屋样"是柱网、梁架的小样，有的画在纸上，有的画在墙上、地上。给房主看好确定建造方案后，木匠会将屋样擦除，以免技艺外传。

　　"起造伐木"要挑吉日，不能冲犯太岁，所伐树木宜取单数，砍树要站在平坦的地方，砍下的木料堆放也不可触犯禁忌，样样马虎不得。

垂典百木图局部
（《钦定书经图说》）

　　"起工破木""起工架马"指木匠开工备料。依照祖宗的规矩，加工构件要从后步柱开始，按先后后前、先低后高、先下后上的顺序进行，避开不吉利的日子。若是开工当天请来道士"起符"，之后的修造则百无禁忌。木料加工中的"画柱绳墨""齐柱脚""开柱眼"三个步骤也都要择吉日进行。

　　"动土平基"指开挖土方、平整场地、夯实地基。开工前要举行求神的仪式，祈祷工程顺利。在山区建房时，平整地基的工程量要比平原地区大得多。

有备无患图局部
（《钦定书经图说》）

　　"定磉扇架"是将柱底的磉石就位，拼装整扇屋架。

　　"竖柱"指将拼装好的屋架竖立、安装的过程。

　　"上梁"指安放大梁。"凤凰自古栖大梧，良木由来做栋梁。"大梁即明间（房屋正中一间称为明间，又叫当心间）的脊檩，是木构架中最高的一根横木，又叫"正梁"或"栋梁"，引申后常被用来比喻能担当国家重任的人才。民间认为它对主家的财运、子息有着重要的影响，是最重要的一根构件。因此，上梁也是整个建房过程中最重要的一步，要举行极隆重的仪式，以保主人日后居住平安。上梁时，木匠师傅要念诵上梁祝文，请来各路神仙，保佑屋主代代吉昌。

　　上梁完毕，大木工作也就基本完成了。其他由石匠、泥水匠负责的工序，如盖屋、泥屋、开渠、甃地、结天井、砌阶基等工序也都要选定吉日进行。

贰

北京四合院[1]

1. 本章主要参考贾珺《北京四合院》、邓云乡《北京四合院》、刘大可《中国古建筑瓦石营法》。

1. 天子脚下

　　北京有着3000多年的建城史和850余年的建都史。近世的北京城脱胎于元大都及明清两代的都城，是中国的权力中心。北京城是在古代成熟的城市规划思想指导下，举全国之力建成的，格局方正，方位感强。

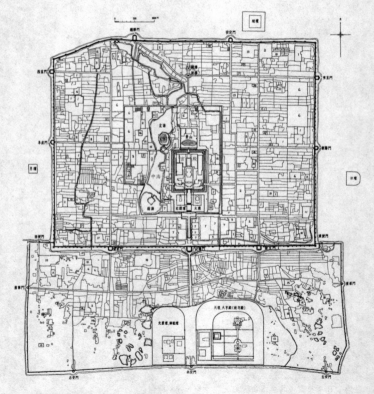

明清北京平面图（《中国古代建筑史（第二版）》）

　　元大都时期把城市道路分为大街、小街、胡同三级，其中大街宽24步（约37.2米），小街宽12步（约18.6米），胡同宽6步（约9.3米）。街一般是干道，比较宽，两旁常常开设店铺；胡同是最小单位的道路，因此比较窄[2]，连接一座座住宅院落的入口。在布局较规整的北京内城中，胡同多为东西走向，排布均匀。

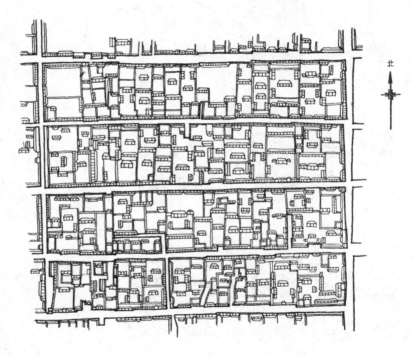

《乾隆京师全图》中的清代北京典型街坊局部（《中国古代建筑史（第二版）》）

2.《北京四合院》，第20页。

　　清代制度规定王府大门设于中央，亲王府五开间，郡王府三开间，其余府宅及普通四合院的大门都只能有一开间。一开间的大门多设在院落的东南角，从大门的样式可以看出主人地位的高低。根

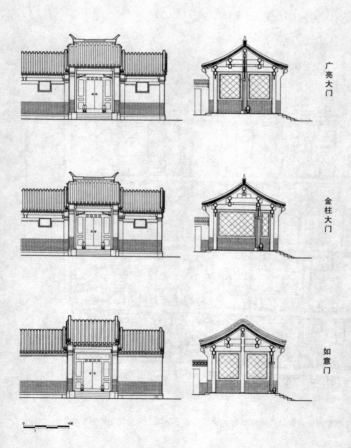

广亮大门

金柱大门

如意门

四合院的门楼式大门：广亮大门、金柱大门、如意门的立、剖面比较
（《北京四合院建筑》）

据门扇安装位置的不同，五檩单开间大门的等级由高至低，依次是广亮大门、金柱大门、如意门和蛮子门。比这些单开间门楼更简单的，是随墙而建的小门楼与西洋门。

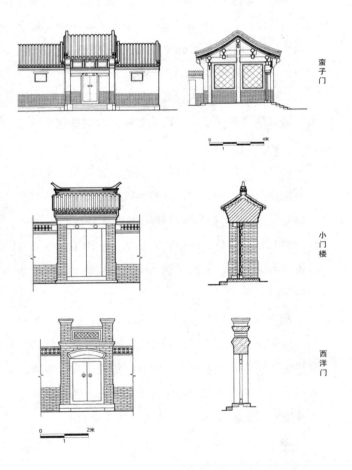

四合院的门楼式大门：蛮子门、小门楼与西洋门的立、剖面比较（《北京四合院建筑》）

广亮大门等级最高，门扇开在门楼中柱位置，最为宽敞气派。金柱大门的门扇设在门楼前檐金柱[3]位置，相比广亮大门向外推出了一步架（约1.2～1.3米），门前空间就显得窄小一些。如意门和蛮子门的门扇都开在前檐柱之间，门扇外不留容身的空间，不同之处在于蛮子门的门扇、余塞板[4]和门槛全用木造，而蛮子门的门框安在两侧砖墙上，门最窄小。

广亮大门、金柱大门是不同品级官员的宅院所专用，富商住宅多采用蛮子门，普通百姓则修建蛮子门或门楼。

四合院虽然内向、封闭，但人们走在胡同中时，只要望一眼院子的大门，就可大致推测出主人的身份和地位。这种由主人等级外化出来的住宅形态的差别，在北京城中是表现得最明显的。而到了那些天高皇帝远的地方，住宅的差别大多只能反映主人经济实力的不同了。

四合院又称四合房，顾名思义，是由四面房屋围合形成的院落。北京四合院是中国合院型住宅的最典型代表。四合院是老北京城的基本组成单位。不同于大街上的喧嚣，胡同中的生活宁静安详。四合院的私密性极强，关起门来，就是主人怡然自得的小天地。

---

3. 金柱是位于檐柱和中柱之间的柱子。
4. 余塞板，填充大门抱框与门框之间空隙的固定木板。抱框与门框都是古建筑木构件的名称，抱框紧贴柱子，门框上安装门扇。

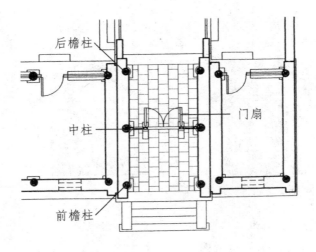

后檐柱

中柱

门扇

前檐柱

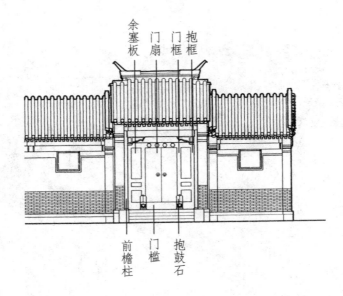

余塞板　门扇　门框　抱框

前檐柱　门槛　抱鼓石

四合院大门各部位名称1

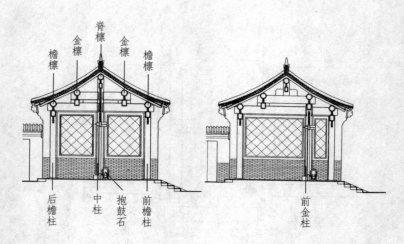

脊檩

金檩　金檩

檐檩　　　　檐檩

后檐柱　中柱　抱鼓石　前檐柱

前金柱

四合院大门各部位名称2

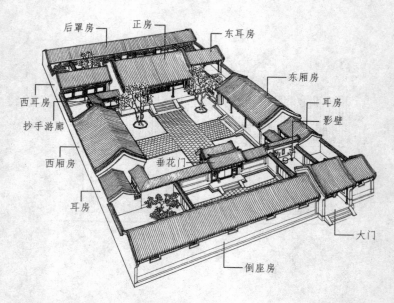

后罩房　　正房　　东耳房

东厢房

西耳房　　　　　　　耳房

抄手游廊　　　　　　影壁

西厢房

垂花门

耳房

大门

倒座房

清代典型三进四合院（《北京四合院建筑》）

北京四合院大多格局方正，平面为长方形，坐北朝南，呈南北向布置在胡同的两侧，由大门、倒座、正房、厢房、耳房、后罩房、影壁、垂花门、抄手游廊等部分组成，房屋大多为正朝向。纵向上，以"进"串联起前后院落；横向上，则用"跨"扩展占地的规模。最简单的四合院只有一个院子，即一进、四面房屋围合；大型院落如富商或官宦人家的住宅，纵向上可达三进、四进，另建多个跨院，甚至在宅中建花园、挖水塘。相对于我国其他地方的住宅，四合院的用地相当阔绰，正房、厢房、倒座是彼此独立的。讲究的院子会用抄手游廊将正房、厢房和垂花门串联起来，使人下雨时行走其下不被雨淋。

老北京俗语有云："有钱不住东、南房，冬不暖来夏不凉。"四合院各朝向房间中最宜居的是北房。以南北向的三进四合院为例：院子东南角是大门，西南角常做厕所，倒座房用作门房、客厅和男仆们的住处。入大门正对影壁，折向西再向北，穿过垂花门进入内院。坐北向南的正房是家中长辈的居室，东西厢房住小辈。正房两侧的耳房相对独立，带有自己的小院，适宜做书房等用途。厢房的耳房则做厨房、储藏之用。三进后罩房是女眷和女仆们的住处。

2. 北京四合院的建造

屋主　　　　风水先生　　　工匠师傅　　　　小工

本篇登场人物

　　登场人物：屋主、风水先生、工匠师傅（木匠、泥水匠等）、小工。

　　清人李光庭[5]所著的笔记《乡言解颐》中有《造室十事》一篇，讲的是北京、天津民间的造屋之事，共提到打夯、测平、煮灰、码磉、上梁、垒墙、盛泥、飞瓦、安门、打炕十事。

---

5. 李光庭，天津宝坻林亭口人，清乾隆六十年（1795）举人，历任内阁中书、湖北黄州知府，笔耕不辍，著述颇丰。《乡言解颐》著于道光末年，颇具学术价值，李光庭称其是"追忆故乡歌谣谚诵"的作品。"解颐"是"开颜欢笑"之意，书中采用大量诙谐幽默的乡言俚语来表述事物，形象生动，雅俗共赏。

在四合院的建造施工中，木作和瓦作的重要程度相当，工程由一位木瓦作师傅统筹安排，负责估价、采买材料、组织人工、把控工程质量。

建造四合院大致要经过选址定位、夯土平基、码磉筑基、木料加工、立木上梁、砌墙、苫背、宽瓦、墁地、木装修、地仗油漆等步骤。

步骤1：选址定位。

北京城的规划严整，建造宅院的基址大多是从别人手里买来的，或是自家老宅的翻建、翻新。宅基选定后，主人请来风水先生确定房屋的朝向和诸多禁忌，确定修造吉期。

看风水

步骤2： 夯土平基。

动土之前，要在清理好的场地上砌若干个砖墩，砌在中轴线上的墩子顶面一横一竖弹画两道十字交叉的墨线，垂直方向的墨线代表院落的中轴线，水平方向的即"平水"，代表正房的台基高度，也是施工的基准高度，要根据这条线的高度推算其他所有建筑的标高。

确定好标高和轴线后，"摆底盘"放线，定出建筑台基、柱子、墙体的位置和尺寸，确定基槽的宽度、深度，开始挖槽。四合院属小式做法，基础槽宽是墙厚的两倍。基础做法有素土夯实和打灰土两种，一般打1～2步土。《造室十事·打夯》中载夯歌云："二步土，两步土，步步登高卿相府。打好夯，盖好房，房房俱出状元郎。"

工人经过纳虚踩盘、大砐拍底、行夯、落水、撒渣子等若干步骤，将土层夯实。普通民房基础灰土厚度一般为虚铺21～25厘米，夯实至15厘米。[6] 基础夯实后，需用水平等工具检查地基的水平与否。

近世常见的夯土方式（四人拉绳拽起石夯，一人持把掌握方向）

---

6. 刘大可：《中国古建筑瓦石营法》，第1页。

步骤3：码礤筑基。

人们用砖砌礤墩，礤墩上安放柱顶石，柱顶石露出台基的部分即柱础。房屋基础高出地面的部分是台明，台基四周用砖石包砌。富裕人家台基外围全用大石头，普通民居则多见砖石混砌或全部用砖砌的。

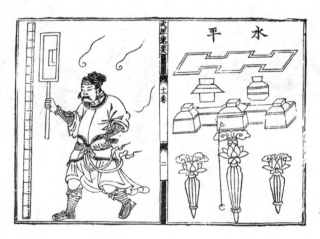

水平、度杆和照板
（《武经总要》）

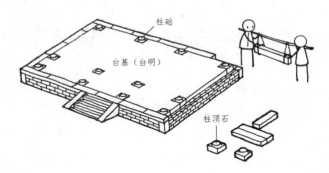

包砌台基

步骤4：木料加工。

　　木匠按照事前制作的丈杆的标示，经过画墨线、齐柱脚、开柱眼等步骤，将各木构件加工成型，并用墨笔标出该构件的安放位置，如"正房明间左侧前檐柱""厢房次间五架梁"等，以便其后梁架的装配。

木料加工

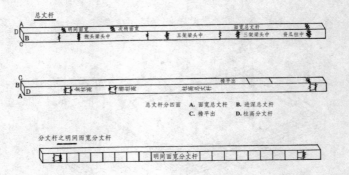

丈杆的种类及内容（《北京四合院建筑》）

步骤5: 立木上梁。

四合院建筑多为一层,房子不高,按照由内向外、由下到上的顺序依次安装构件即可。纵向上,先竖起柱子(多为圆形截面),柱上架梁,梁上支短柱(又叫侏儒柱),短柱上再抬梁,直至形成完整的一榀屋架。横向上,在柱间搭接枋子(矩形截面),梁端搭檩子(圆形截面)。檩上再垂直安放椽子(矩形、圆形截面都有),有的会在椽子上再铺一层望板。

安放明间脊檩(又叫大梁)称为上梁,是件大喜事,要举行庆祝仪式。梁上要挂红布,木匠念诵上梁文,升梁时鸣放鞭炮,并以酒祭梁。亲朋好友们在上梁这天都赶来道贺,赠送礼品。主人设宴款待亲友和工匠师傅。

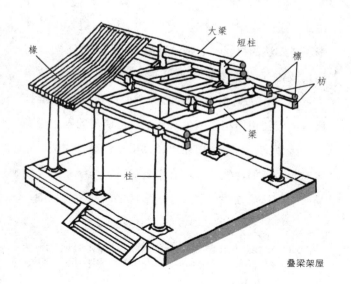

叠梁架屋

步骤 6：砌墙。

古建筑施工中常用的砖料有城砖、停泥砖、沙滚砖、开条砖、方砖、杂砖等，其大小规格各不相同，在建筑中的用法也不同。四合院用砖十分讲究。刚出窑的砖料外形比较粗糙，在高等级的院落中，要对砖料进行砍、磨加工，使之达到施工的工艺要求。

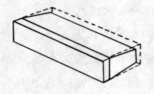

五扒皮砖（即对砖块六个面中的五个进行砍、磨加工的砖）

四合院墙身多用停泥砖，墙体有"干摆""丝缝""淌白""糙砌""碎砖墙"等砌法。我们常听说的"干摆浮搁""糯米灌浆""磨砖对缝"都是对干摆砖砌法的描述。这是一种很高级的砌筑工艺，用在比较讲究的墙体下碱[7]或其他重要部位。干摆使用"五扒皮"的砖料，即砖的五个面都需进行砍削打磨，灌浆使用桃花浆或生石灰浆，最讲究的则用糯米浆。墙体砌好后，表面还要经过反复打磨、冲洗，完工时整个墙面浑然一体，看不到砖缝。丝缝是另一种高级的砌法，使用老浆灰，砖与砖之间的灰缝极细。

7.下碱又称下碱墙，指墙体下部到地面的一段。这段墙体多用砖垒加石灰砌，由于地面返潮，年久后会此段墙体会出现硝霜，即碱，所以叫下碱。

丝缝常与干摆配合使用，用在墙体上部，与干摆墙面形成微妙的对比。淌白用在次要房屋和院墙上，与丝缝相比，对砖料、砌法的精度要求降低，灰缝加大，砌完无须打磨和冲洗，清扫干净即可。糙砌是最简单的砌法，无须砍削打磨，直接用糙砖砌成，精度要求较低。为了节省材料和工时，可以在内芯使用糙砖，干摆或丝缝用在墙体面层。

　　老北京城内拆房、翻建不断，也就生出了许多碎砖。碎砖量多，价钱又便宜，会过日子的普通百姓便利用这些碎砖盖房。砌墙时，四周用好砖，中间填碎砖，用掺灰泥[8]砌筑，也有全用碎砖的，面层抹灰，也十分雅致。

砌墙

---

8. 掺灰泥，又叫插灰泥，泼灰与黄土加水拌和后焖制而成。

步骤 7：苫背。

出于保温的需要，北京四合院建筑的屋面上覆有厚厚的一层灰背，灰背上再盖瓦。春天是植物繁殖的季节，种子随风飞扬，每年要定期对屋顶进行清扫，否则灰背上极易发芽长草，对屋面结构造成破坏。

灰背的操作过程称为"苫背"。等级高的院落在椽子上铺一层望板，再在望板上抹灰。普通民宅可不用望板，在椽子上铺一层席箔、苇箔作为灰背的基层。席箔细致，用在结构露明的部位；苇箔粗糙，用在屋顶天花之上不露明的地方。

古人用拴起四角的土布将拌和好的泥灰提上屋顶，现代人则直接用盛石灰的塑料编织袋做兜，就地取材，一兜一兜地将灰浆运上屋顶。

苫背是分层铺就的，多采用滑秸泥和大麻刀[9]灰。滑秸泥中掺有麦秸，麻刀灰中拌有麻刀，这些纤维材料有助于提高灰浆的韧度和拉结性能。在席箔和苇箔上，先苫2～3层泥背，再苫2～4层大麻刀灰或大麻刀月白灰，最后苫青灰背，每层泥、灰都要拍紧、轧实。若是用木望板的，望板上还需铺一层护板灰。

---

9. 麻刀，即细麻丝、碎麻，由麻绳剁碎而成。

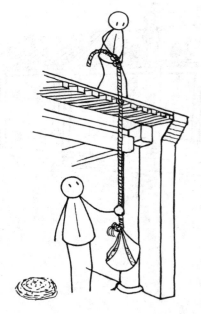

盛泥

步骤 8：宽瓦。

建房时在旁围观工人们稳稳地将瓦片抛来接去，谓之飞瓦。常能让人沉迷其中。

四合院常见的屋面做法有筒瓦和合瓦两种（参照P32），常用的瓦有弧形片状的板瓦和半圆筒状的筒瓦两种。筒瓦屋面使用板瓦做底瓦，筒瓦做盖瓦，可用于王府或官员府邸中，普通民宅的影壁、廊子、垂花门等部位也可使用小号筒瓦。合瓦屋面广泛用于普通民宅中，底瓦和盖瓦都用板瓦，一正一反排列，因此又叫阴阳瓦（南方称为蝴蝶瓦）。

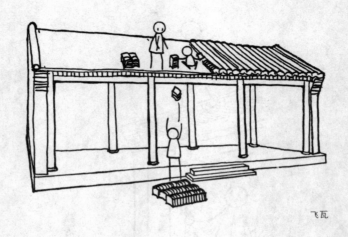

飞瓦

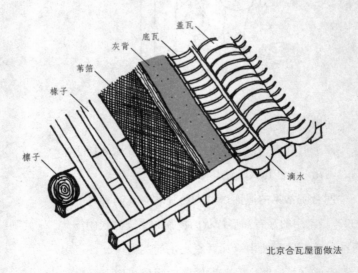

盖瓦

底瓦

灰背

苇箔

椽子

檩子

滴水

北京合瓦屋面做法

　　传统建筑中有"底瓦坐中""滴水当心"的说法，即屋面正中心铺的是一趟底瓦。以合瓦屋面为例，苫瓦前，先找到屋顶中间一趟底瓦和两端底瓦的瓦口位置，再以此为参照，排好其他的瓦口位置，接着把盖瓦的瓦垄位置标记在正脊下的灰背上。宽瓦时，先要"开线"，即在应铺的瓦垄位置上方拉一根线绳做标记，以保证瓦垄垂直。铺一层灰或泥，底瓦窄头朝下，瓦头沾灰浆，由下向上依次摆放，大部分瓦采用"压六露四"的密度铺设（即上一块瓦盖住下方瓦面的60%）。铺好底瓦后，要将瓦两侧的泥（灰）抹平，用灰浆"扎缝"塞住底瓦垄间的缝隙。铺盖瓦的方法与底瓦类似，但盖瓦要宽头朝下、窄头向上摆放。全部铺就后，要清扫瓦垄，在瓦面刷青浆提色。

步骤9：墁地。

四合院室内外铺砖的工序称为"墁地"。与砌墙方法类似，墁地作法由精细到简易依次为"细墁""淌白"和"糙墁"。工艺越精细，对砖料的砍磨加工越细致，地砖之间的灰缝越细。普通民宅室外地面多使用方砖糙墁，砖料无须加工。

糙墁时，采用素土夯实或灰土夯实作为垫层，找平，铺泥墁砖，浇浆勾缝，用锤子将砖面压实放平。

墁地

步骤 10：木装修。

安装门扇、窗扇、室内隔断、天花、栏杆、楣子、挂落等小木构件。四合院内的木雕装饰集中在垂花门的垂莲柱、花版，檐下的楣子、梁头、雀替，以及室内隔断等部位，雕刻各种花草活物、吉祥图案，或轻灵飘逸，或圆润立体。除去木雕，四合院中还有大量的砖雕、石雕，集中在大门、山墙、屋脊、柱础之上。

房屋通常设有天花吊顶，普通人家用白纸裱糊天花即可。

步骤 11：地仗油漆。

为保护木料免受潮气虫蛀的威胁，人们会对四合院的木构件进行油饰。先用掺有抹布纤维和猪血的砖灰在构件表面打若干层底，形成厚厚的灰壳，称为"地仗"。再在地仗之上刷油漆，以红色为主，辅以绿色、黑色。绝大多数院子只做到这一步即可，但在高等级的住宅中，人们会在枋子、垫板和梁头、椽头等部位施以彩画，绘制山水、人物、花鸟或卍字、寿字、福字及其他几何图案，垂花门与抄手游廊是彩绘的重点位置。

绘制彩画

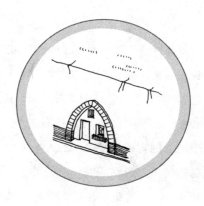

叁　十里铺地坑院[1]

1. 本章主要参考李秋香《十里铺》。

1. 十里胡同与黄土高原

　　十里铺村地处陕西省长武县城西5公里的黄土高原中。长武县历史悠久，是古代关中扼守西域的战略要冲，也是丝绸之路上的一处重要关口，是由西安至兰州官道上的一处驿站或急递铺发展而来的。

　　土塬上的官道经过长年的人走车辗、雨水冲刷，路面越陷越深，最终形成了一条条深沟，在蒙语中称为"胡同"。十里铺就坐落在这样一条东西向的胡同中。"十里胡同"长约1.5公里，深达6米。明末清初时，政府因经费不足频繁调撤驿站，流民们住进驿夫废弃的窑洞里，逐渐形成了一个杂姓村落。到新中国成立前，村中不过50户人家。

　　黄土高原主要分布于我国陕西、甘肃、山西、河南四省，平均海拔1000～1500米。高原上覆盖着深厚的黄土层。黄土颗粒细、土质松软，且含有丰富的可溶性矿物质养分，利于耕作。黄土高原的盆地与河谷地段农垦历史悠久，是我国古代文明的摇篮。古人不懂得"可持续发展"的道理，经过历史上几次大规模垦荒、滥伐的破坏，高原上的原始森林消失殆尽，变得植被稀疏、水土流失严重，生态环境不断恶化。黄土塬被流水侵蚀得支离破碎，形成了沟壑纵横的独特景观。

　　植被稀疏意味着木材的缺乏，直立性好又取之不
尽的黄土便成为这里最重要的建筑材料，产生出窑洞
这一黄土高原特有的建筑形式。

沟壑纵横的黄土高原

2. 窑洞的分类

按照建造位置和方式的不同，可将窑洞分为靠崖式窑洞、下沉式窑洞和独立式窑洞三类。

根据山坡的面积和山崖的高度，可依山势布置多层窑洞，窑洞层层退台，颇为壮观。

靠崖式窑洞开挖较为方便，建成的数量也最多。也有的人家会在土窑洞口外接一圈砖或石砌的窑脸，称为接口窑。靠崖窑利用山崖、沟崖横向开挖，合理利用空间、不占地面，具有节约土地的优点。

下沉式窑洞建在没有崖壁可供利用的地方。先从平地向下挖一个方形的地坑，再在地坑四面开挖窑洞，形成地下的四合院。"上塬不见人，见树不见村，入村不见房，炊烟平地起，忽闻鸡犬声。"这首民谣描绘的便是地坑院村落中的独特景象。

独立式窑洞也叫锢窑，是直接在平地上用砖、石或土坯发券砌筑而成的。在一些黄土层薄、山坡平缓、土崖高度不够或基岩外露不具备窑洞开挖条件的地方，人们便会建造这种独立式的窑洞。

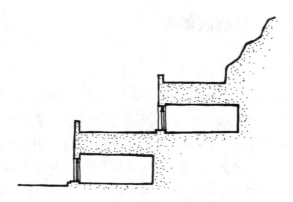

靠崖式窑洞剖面示意图

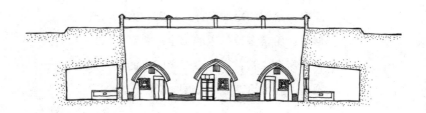

下沉式窑洞剖面示意图

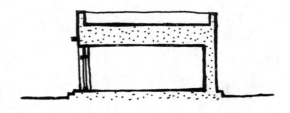

独立式窑洞剖面示意图

3. 地坑院的布局

　　十里铺的民居以三合院和四合窑院为主。十里胡同是东西走向，窑院多沿南北两侧的崖壁分布。崖壁北侧的院子以朝南为正面，崖壁南侧的以朝东为正面。

　　十里铺的四合窑院最有特色，当地称"地坑院"或"地坑窑"。一个地坑院由大小十来孔窑洞组成。院子正面通常开三孔主窑，中间一孔称正中窑，地位最为尊贵，正中窑两侧的窑洞以左侧为尊。院落两侧面的窑洞地位低于正面主窑，与正面主窑相对的是倒座窑。窑洞的用途多样：主窑、偏窑内有火炕，供人居住；厨窑多位于东厢偏窑；杂窑堆放物品；牲畜窑饲养家禽家畜；水井设在窑腿上的浅龛或小而浅的井窑内。院中须设渗井或渗坑排水。

　　进入地坑院的方式有两类，一类是经台阶或斜坡从塬面向下走进院子；另一类是通过称为"筒"的隧道水平进入院子。

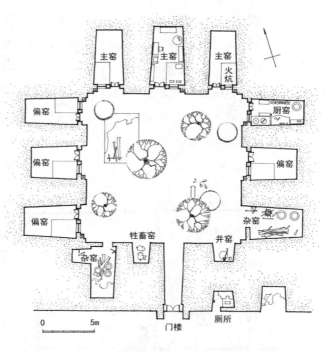

上十里铺160号住宅平面图（院子在崖壁北侧，以南为正面）（《十里铺》）

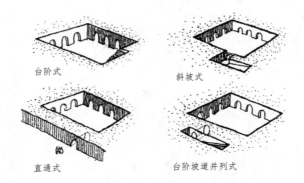

下沉式窑院的入口交通示意图（《中国建筑史（第四版）》）

　　窑洞洞口称为窑口，窑口上下左右的垂直崖面叫作窑脸，窑洞深处称窑底或窑垴。窑洞中的拱形部位称窑券，窑洞上的崖体原土为窑背，窑背之上的塬面是窑顶。窑底黑暗、潮湿，空气也不好，只能用来堆放东西。窗边是窑洞内空气最好的地方，睡人的火炕就紧靠在窗旁。

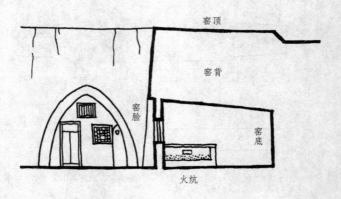

窑顶

窑背

窑脸

窑底

火炕

窑洞剖面示意图

4. 地坑院的建造

主家　　　　　风水先生　　　　　窑匠

本篇登场人物

登场人物：主家、风水先生、窑匠。专门为人挖造窑洞的窑匠是工程的负责人。

挖窑院大致要经过选址定位、挖界沟、挖院坑、整窑脸、画窑券、挖窑、修窑、上墹（jiàn）子、装修等步骤，历时颇长。

步骤1：选址定位。

主家请来风水先生相地，确定院落的边界和坐落朝向。在正式开挖窑洞之前，主人择"黄道吉日"在家中宴请窑匠。

步骤2：挖界沟。

在塬面上画出院坑的范围，主家沿边界挖出界沟。

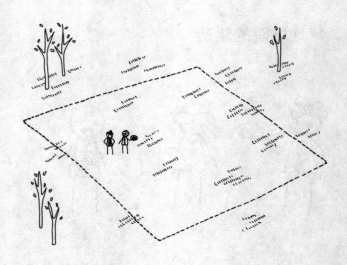

选址定位

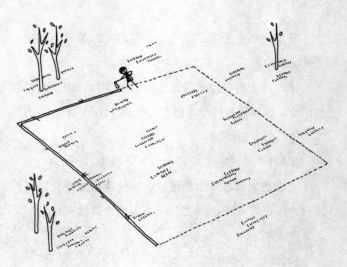

挖界沟

步骤3：挖院坑。

先开挖3米宽的地槽，直至6米的预定深度。修整外圈的土壁，待土壁完全晾干后才能开始挖掘窑洞，这一过程需要三四个月的时间。主家劳动力有限，土挖得慢，正好边挖边晾。院坑挖掘过程中，最先挖出的一段土崖已经晾干，可以开始挖窑洞了。

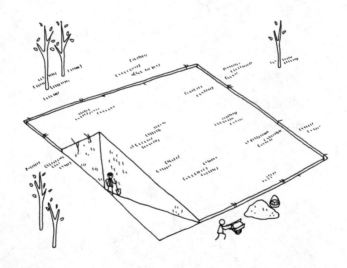

挖院坑

步骤4：整窑脸。

主人将崖面大致弄平整。十里铺的窑脸土崖略微后倾，倾角在75°～85°之间。

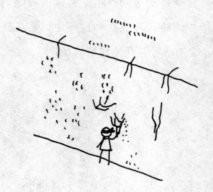

整窑脸

步骤5：画窑券。

窑匠在平整过的崖面上画出窑券的轮廓，用镢头沿轮廓内侧挖出券形。

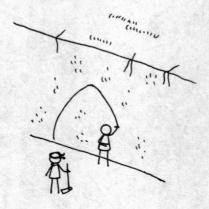

画券形

　　十里铺的窑券是抛物线形，顶部呈一个尖角。窑的高、宽通常都在三四米。为了保护窑洞不受雨水侵蚀，窑洞之上的崖体（称窑背）最小厚度为3米，因此，窑院底部通常距地平面6米左右。

挖券形

挖窑券

步骤6：挖窑。

主人按照窑匠挖好的券形继续向里挖，挖出的洞只能比券形小，不能超出券形范围之外，不必整齐。根据所处黄土层的具体情况，每挖进一定距离，便要停下晾半年左右，使洞壁上的新土风干变硬。若一次开挖过深，洞壁潮湿、强度不够，土层就很容易发生坍塌。挖一段，晾半年，如此往复，直到达到预定的规模。窑洞的深度由当地的土质决定[2]，十里铺村挖四五米深就已是极限，其他村子则有深达17米的土窑。

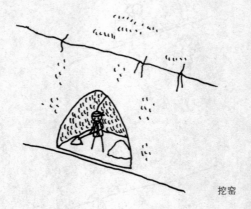

挖窑

---

2. 黄土的强度主要由黄土的成分和含水量决定。若土层位置较高，含水量少，强度就高；相反，若是在沟壁两侧，受积水侵蚀的机会多，强度就会降低。若土质均匀，则受力均匀，黄土拉结的力量大，强度就高；若土中石头等杂质多，拉结力量弱，就很容易坍塌，有的甚至不能开挖土窑。强度低的，如沟边的湿土，开挖不到1米就要停下晾晒，强度高的则可挖进两三米甚至更多。

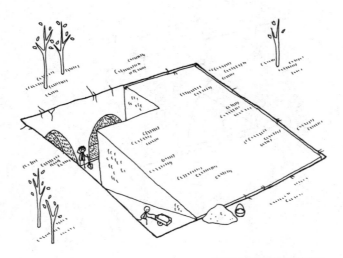

窑院与窑洞的挖掘交替进行

挖窑过程中窑匠会不时来查看工作状况，指导主家施工。一孔高、宽都3米多、进深六七米的窑洞，若一次挖进两三米深，从开工到建成需要两三年时间。

步骤7：修窑。

窑洞粗挖完成后，洞壁凹凸不平并略小于窑匠最初画定的券形。这时要请窑匠来进行最后的修削定型，使内壁平整。窑洞通常外大内小，呈喇叭状。

主家边挖院坑、晾干，边继续挖窑洞。

院内的窑洞不需要一次挖完。先挖几孔暂时够用即可，其他的留着以后再慢慢挖掘。

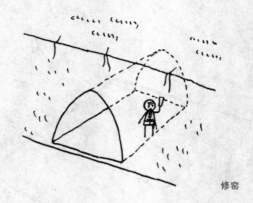

修窑

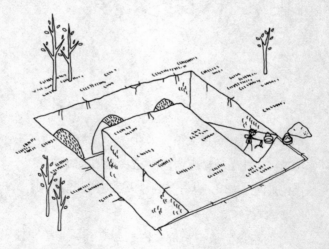

边挖院坑、窑洞，边晾崖壁

　　把从洞里挖出的土垫到牛栏、猪圈里，沤成土肥
后施到田地中。如此，既可以挖窑洞、晾洞壁，又能
沤土肥、养家禽家畜，一举多得。

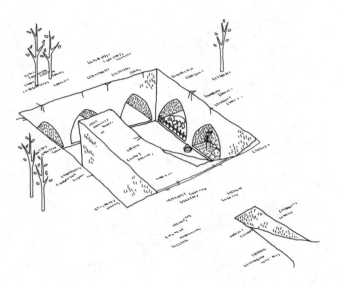

在已经挖好的窑洞里养猪

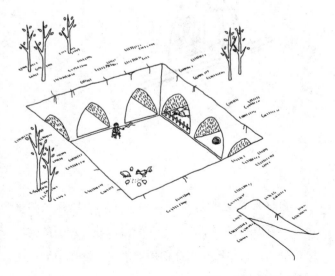

养猪、养鸡、沤肥、挖水井

步骤8：上墕子。

窑洞晾干后，要砌前墙、安装门窗，当地称"打窑墕子"。

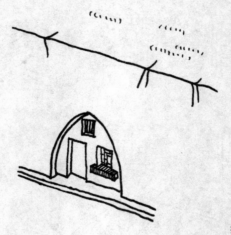

打窑墕子

窗格最常见的是"步步锦"式，当地称"回格窗"，有五回格、七回格、九回格几种。过去的窗子用纸糊，窗格很密。现在常用玻璃窗，窗格很大，还有新旧结合的样式。

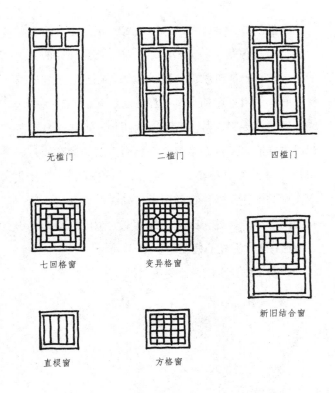

无槛门   二槛门   四槛门

七回格窗   变异格窗   新旧结合窗

直棂窗   方格窗

常见窑洞门窗样式（根据《十里铺》插图绘制）

步骤9：装修。

十里铺的窑洞都是土窑，内壁要抹一层掺了石灰的滑秸泥，再糊一层浅黄色带浅灰花纹的墙纸。

　　窑脸有土窑脸、滑秸泥抹灰窑脸和砖土混合、全砖窑脸几种做法。土窑脸最简单，就是裸露的土崖壁，券边抹一圈滑秸泥，粗犷天然。在窑脸上抹一层掺了石灰的滑秸泥的是滑秸泥抹灰窑脸，券边用抹灰或红砖券，券脚有落地或不落地两种。近年来，经济情况稍好的人家也有将整个窑脸用一层砖满贴的，砖切角、斜拼形成花纹。窑脸上沿的护墙也有多种式样：有的干脆不做；有的用土坯砌成，墙是实心的；有的用土坯与砖混合砌筑；最讲究的全用砖砌，有实心墙也有十字空花的镂花墙。

　　装修工作请窑匠做才更美观。

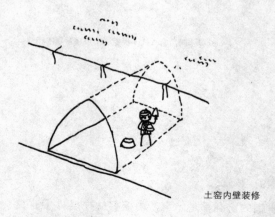

土窑内壁装修

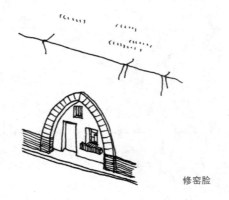

修窑脸

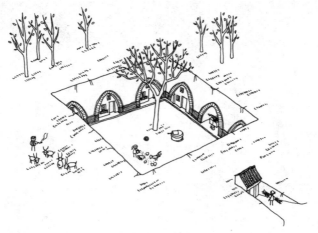

温馨窑院之家

　　窑顶上要平整、压实。树的根系会破坏土层结构，因此窑背上不能种树。

　　窑洞建成后，为防止水患、潮气和老鼠虫子打洞的侵蚀，需要经常维护，及时补豁、堵洞、补砌土坯、重新抹面。只有好好保养，窑洞才能用得舒适、长久。

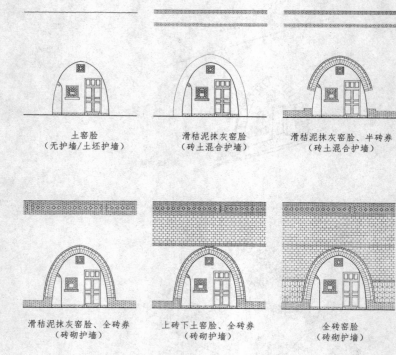

土窑脸
（无护墙/土坯护墙）

滑秸泥抹灰窑脸
（砖土混合护墙）

滑秸泥抹灰窑脸、半砖券
（砖土混合护墙）

滑秸泥抹灰窑脸、全砖券
（砖砌护墙）

上砖下土窑脸、全砖券
（砖砌护墙）

全砖窑脸
（砖砌护墙）

下砖上土窑脸、全砖券
（砖砌护墙）

不同做法的窑脸和护墙（根据《十里铺》插图制作）

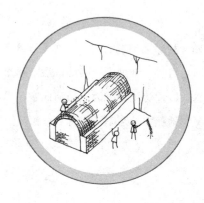

肆 新中村窑洞民居[1]

1. 本章资料来自笔者调查，收入《巩义三庄园》。

1. 新中村窑院概况

　　新中村原名琉璃庙沟，属河南省巩义市新中镇。巩义市旧名巩县，地处中原腹地、洛阳和郑州之间。巩县历史悠久，地势险要，因"山河四塞、巩固不拔"而得名。又因地扼古都洛阳，史有"东都锁钥"之称。

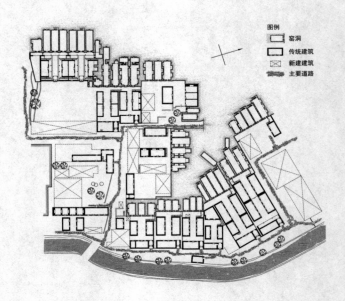

图例
　□ 窑洞
　□ 传统建筑
　▨ 新建筑
　▨▨ 主要道路

新中村柏茂庄园总平面图（周益绘制）

　　煤矿是新中村及周边村落重要的经济来源。太上老
君是当地煤窑业的守护神，"琉璃庙沟"中的琉璃庙指
村北一座琉璃瓦顶的老君庙。民国年间，村中的柏茂张
家靠经营煤矿生意发家致富，建起了规模颇大的庄园。

　　新中村属大陆季风性气候，四季分明，气候温和，
降水集中在夏季。因为煤矿的开采，天空中总是蒙着一
层灰色。

　　新中村所在的巩义市地处黄土高原东端。窑洞与房
屋共同围合而成的四合院是这里最常见的居住形式。

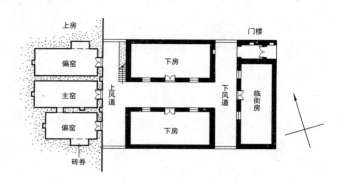

柏茂庄园某宅平面图

　　新中村的院落倚靠崖壁建造，以南面或东面为正
向。靠崖挖出的窑洞相当于正房，称"上房"。厢房
与倒座是盖起的房屋，厢房称"下房"，倒座称"临

街房"。房屋墙壁用夯土或砖石砌成。临街房为两层，下房建一层、两层的都有。以一个坐北朝南的院落为例，大门通常位于临街房的东梢间。门道正对的下房山墙上砌影壁或小神龛，龛内供奉土地或观音神位。倒座一层是客厅，下房一层供人居住。房屋二层称为"棚"，棚上干燥，用来储存粮食、杂物。按当地习俗，上房要高于临街房，临街房高于下房。[2]

上房窑洞通常以三孔一组的形式出现，中间一孔称"主窑"，两旁的称"偏窑"。

窑洞之间的崖体称"窑腿"，窑腿上部拱顶称"券"，用砖或大块石头砌成，砌筑券顶的过程称为"合券"（现在也有支模浇注成形的混凝土券）。新中村的窑券呈半圆形。窑洞洞口一侧称"窑脸"，深处称"窑底"。主窑与偏窑之间的窑脸上砌有小龛，供奉土地、观音等神位。窑洞可做多层，上层的窑洞较下层退后，留出晒台，收获季节用来晾晒玉米等粮食。窑洞深度视具体情况而定，短的七八米，长的有十五六米。主窑一般宽3.5～4米。为突出主窑的地位，主窑要比偏窑做得略大，高、宽均多出一两指的长度。为了聚财、聚气，人们将窑洞做成里边宽外边窄、里边高外边低的形状，称为"勤口"（这正好与

---

2. 房屋高度坡屋顶房以屋脊论，平顶房以屋檐论，窑洞以檐论。

十里铺的窑洞相反）。内部比外部高宽多出一两寸即可，以肉眼看不出为准，若再大就会影响窑洞的结构性能了。

　　高些的窑洞用木板分隔为上下两层，二层也叫"棚"。过去两层的大窑洞常作"上七下八"的分隔，即下层高八尺（约2.67米），上层最高处七尺（约2.33米）。为充分利用空间，有的窑腿内垂直窑壁砌砖拱券，宽2.3米左右、深0.5～1.2米不等，大的可以放床睡觉，或放煤气灶做饭，小些的可堆杂物。窑内也砌小龛，相当于小壁橱。新中村窑洞内的通风状况良好，空气质量高，十几米深的窑底内也可做卧室睡觉。

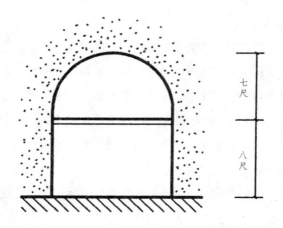

"上七下八"双层大窑洞

内院窄长，下房两侧与上房及临街房之间的过道分别称"上风道"和"下风道"。因寿木（即棺材）长七尺，上下风道都要宽于七尺，否则寿木就不能在风道里转弯，没法抬出院子了。

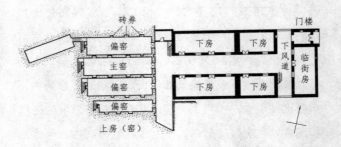

柏茂庄园某宅平面图（一个较大的四合院落）窑洞内部分层

新中村的窑洞属于靠崖窑，以石券或砖券为主。按照施工方式的不同，可分为明券和暗券两种做法。明券做加法，在平地起券、券上覆土，合券时券是露明的，窑底与山崖相接。

暗券做减法，先在崖壁上挖出券形的洞穴，再在洞内合券。

两种做法各有利弊：暗券费工费时，造价较低；明券省工省时，土方量较大，造价偏高。在实际施工中，还有一半挖土、一半填土的半明半暗券。

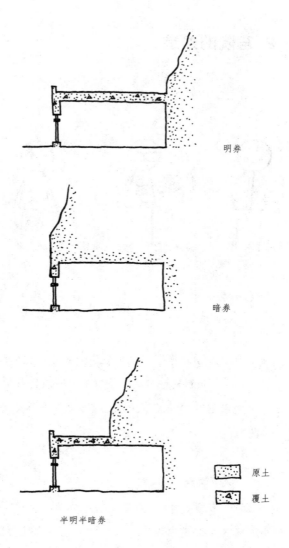

明券

暗券

半明半暗券

▢ 原土

◭ 覆土

窑洞的分类

2. 窑院的建造

主家　　　　　风水先生　　　　工匠

本篇登场人物

　　登场人物：主家、风水先生、工匠（瓦匠、木匠等）。瓦匠负责建造窑洞，是整个工程的负责人。

　　建造窑院要经过看风水、备料、砌窑洞、盖房等阶段。

● 风水讲究

　　建房的第一步是请先生看风水。人们生活越富足，对风水的讲究也就越多。风水先生称呼出钱的主家为"掌柜"。按照当地的叫法，"阴阳先生"只看阴宅，"风水先生"可看阴阳二宅。风水先生要能说会道，讲出的门道多，掌柜才会觉得钱花得值。

阴阳先生与风水先生

　　阳宅讲究有来龙，四周山形好，能藏风聚气。风水先生点地、下盘定向（即确定房屋的坐落和朝向），再根据主人的属相、建筑卦位、利年利月利日利时等条件，选择动工的吉期。

选址定位

看地完毕，风水先生给掌柜写出一篇注意事项，大致内容包括：

1. 什么宅，在乾、兑、震、巽、坤、艮、离、坎八个方位中择其一。

2. 用哪几个数，什么宅用什么数，要贯穿始终。如坎宅，用一/六（水一组），三/八（木一组）两组数。具体来说，门可开1个、3个、6个或8个[3]；门框长宽高等尾数也要合一/六、三/八（以鲁班尺为准），如高度可用一丈一、一丈三，不能用一丈二或一丈二尺五；房屋长、宽、高的尾数也要合一/六、三/八。

3. 若房子处在当年不利方位，需用何种镇物压制。

4. 阳宅三要：门、主（所坐方位）、灶。确定大门、床帐、厨房、厕所、家禽家畜、家电摆设等的位置、朝向。如坎宅要开东南门。

5. 挖地基、基门（安门框）、上梁三个重要时间点。

掌柜的要求越多，风水先生看得越细致，花费的时间越长，付的报酬也就越高。掌柜要请风水先生吃饭，给先生包红包。根据主人自身情况和工作的难易程度，报酬多可上万，少则几十块。若是家里特别

---

3. 又有规定堂房（主房）只能用1、3、5三数，因此不会见到开6个门或8个门的情况。

困难的，风水先生不收红包，掌柜给块红布作为"利是"[4]即可。忙的时候，先生一天可看两家，一年能做三四百家的生意。

写注意事项

● 备料、动土

在过去人们的意识里，这是个人类与鬼神仙怪共处的世界。建房要砍伐树木、开挖土方，势必惊扰到居于树上地下的各路神明。出于礼貌和安全两方面的考虑，风水先生确定伐木、动土的吉期之后，要写些内容如"×年×月×日出树大吉大利""×年×月×日修建大吉大利"的大红条幅。主人将这些条幅贴在将要砍伐的树木和工地附近的崖壁上，通知居于此地的鬼神们速速搬离。

---

4. 利是，又叫"利事"，即红包，取大吉大利、好运连连之意。

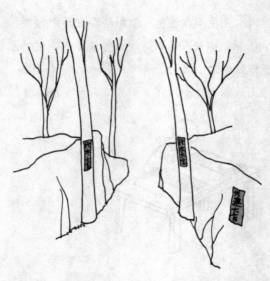

兴建大吉、伐木大吉

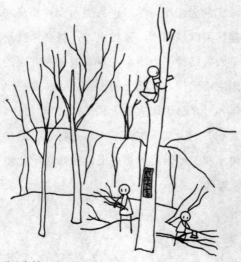

伐木备料

　　遍地都是黄土，河床里有大石头，青砖来自村里的砖窑，屋顶上的脊兽要到邻近的村子采买，本村不出。材料按成本由低到高的顺序排列，最便宜最易取得的是黄土，石头其次，砖头最贵。破灰泥是施工最常用的黏合剂，用白灰和黄土以1∶2的比例加水拌和而成。有钱人家盖房白灰用得多些，没钱人家就多掺些黄土。

土、石、砖料的准备

● 明券窑洞的建造

　　建明券窑洞大致要经过砌窑腿、定券、做照牌、做模子、合券（出腰）、内装修、砌窑顶、修窑脸等过程。

步骤 1：砌窑腿。

先将场地清理干净，夯实地面土层。

根据设计，在场地上放灰线，画出窑腿的位置。

为了节省成本，窑腿内部用石头垒成，面层可见部分一般用砖砌，砖石间以破灰泥灌缝。

三孔一组的窑洞共有四条窑腿，中间两条称为"中腿"，两侧的称为"边腿"。中腿左右受力均衡，边腿单边受力，需要比中腿更大的承载能力，做得也厚一些。一般中腿宽二尺五（约0.83米），边腿宽五尺（约1.67米），因此边腿又叫"大腿"。

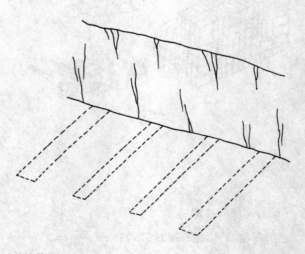

放灰线

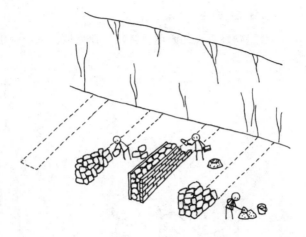

砌窑腿

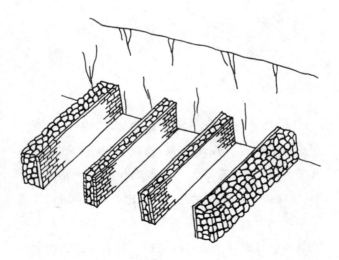

中腿与边腿

步骤 2：定券。

窑腿砌好后，瓦匠用"圆尺"在后墙崖壁上画出券形。

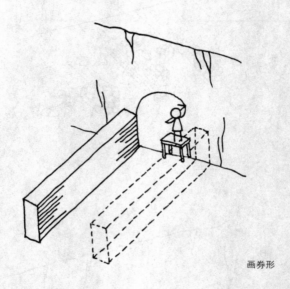

画券形

券形分"全圆券"和"扇面券"两种。全圆券的截面是一个半圆，窑腿高与圆半径相等。在全圆券基础上，窑顶位置不变、增加窑腿的高度便形成扇面券。扇面券左右两侧的净空高，比全圆券更好用。瓦匠所用的"圆尺"并不是某种成型的工具，而是就地取材的线绳、高粱秆等，但凡能用来画圆的物件就可以。

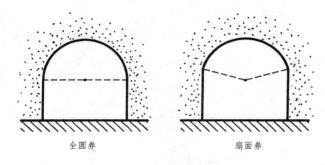

全圆券　　　　　　　　扇面券

全圆券与扇面券

步骤 3：做照牌。

照牌是券形的模板，窑洞前后各竖立一个。先用
砖砌主体，再用砂浆把锯齿状的边缘抹平、做光。

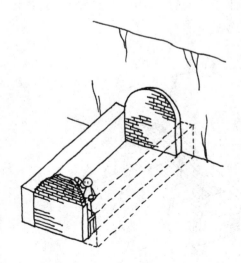

做照牌

步骤 4：做模子。

照牌做光、晾干后，用多条线绳连接前后照牌的对应点，绷紧的线绳形成一个券顶的参照曲面。

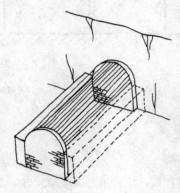

拉线绳

新中村将干木工活称为"做木事"。

人们在窑洞的前、中、后部做木事，搭起几个横向的木支架。

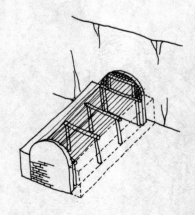

做木事

在支架上垒砖，使砖的外沿接近券形的轮廓。砖上再搭一圈竖向的模子杆，一根挨着一根，紧贴绷起的线绳形成曲面。

用黄泥抹平模子杆表面，形成拱形的模子。

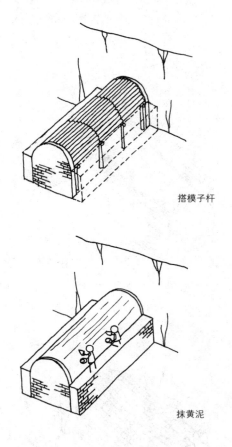

搭模子杆

抹黄泥

步骤5： 合券（出腰）。

模子晾干后开始合券。每侧3人、共6人协同工作。自窑腿向上，在模子外一层一层地砌砖或石块，缝隙用破灰泥黏合。如果合的是砖券，或者石券用的模子杆够大、够结实，就可以一直重复上述操作，直至合券完毕。当石头太大、模子杆强度不够时，需要进行"出腰"的工序，这是合券的最后，也是最关键步骤。

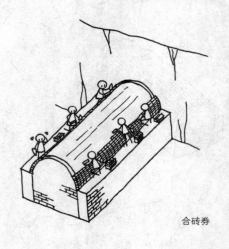

合砖券

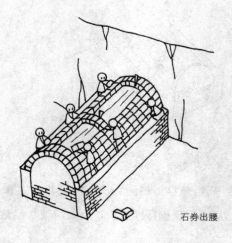

石券出腰

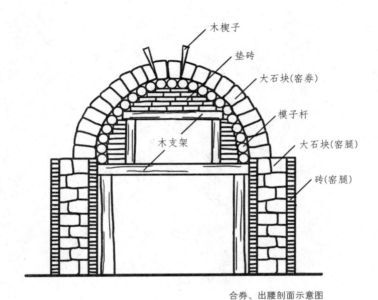

合券、出腰剖面示意图

券合到约剩80厘米封口时，改为6人分别在前、中、后三处操作，不再是纵向一层层，而是横向一圈圈地迅速合券。每合上一圈，就在顶部石头的空隙内打入小楔子（土语作"zǎir"），使券吃上劲儿，不再压迫下面的模子。合好的券用稀砂浆灌缝。

主人在窑脸一侧的券顶部位砌入纸墨笔砚和小圆镜子等物品祈福、辟邪。整个券合好后，人们会放鞭炮庆祝，并向券上抛撒五谷杂粮和喜糖。

步骤6：内装修。

少则一星期、多则十来天，待券顶干透后，拆掉模子。

庆祝合券成功

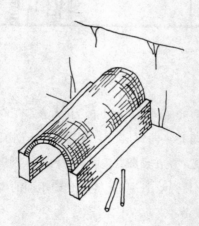

拆木事

富裕人家会将窑洞内壁全面粉刷一番，穷人家则只用砂浆勾一遍砖石缝隙。

步骤 7：砌窑顶。

券脚要用大石头压住，垒石头至券高的1/2处即可。

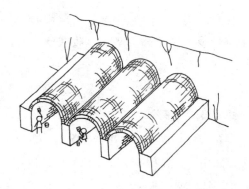

粉刷内壁

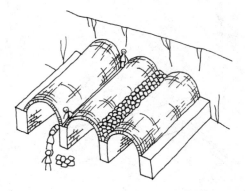

压券脚

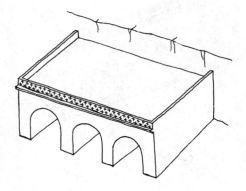

砌窑顶

在石头上覆土，压实填平，粉刷面层。三孔窑洞上方形成一个平整的晒台，收获季节可用来晾晒粮食。

步骤 8：修窑脸。

在窑脸一侧砌墙，留出门窗洞口。主窑门必须位于主窑正中，偏窑门不必在窑洞正中，但左右两门必须对称。待门窗全部装好，即大功告成。

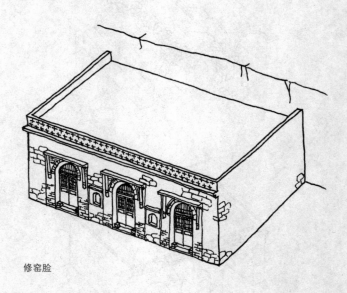

修窑脸

• 暗券窑洞的建造

　　造暗券要先挖洞，按照券形，边挖边晾，洞穴可比券形略大。整个过程历时颇长。待洞穴挖好、洞壁完全晾干后，竖起前后照牌。

画券形

挖窑洞

在砌好的窑腿上合券。与明券先修模子再合券的工序不同，暗券修模子与合券是同时进行的。暗券用的模子杆称"靠杆"，每摆好一根靠杆，就紧接着在上面抹泥、垒砖、填缝，左右两侧同时进行。当券合到还差80厘米封口时，改为从窑底向窑脸一侧合券，需至少4人同时操作。券上与洞间的空隙要用土填实，也有在券顶正中垒砖支撑窑顶上的黄土的。

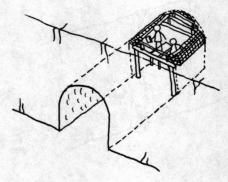

摆靠杆、合券

● **房屋的建造**

窑洞建好，开始盖窑前的房屋。新中村的房屋多为硬山双坡屋顶，采用墙体与木构架结合的方式承重。过去，经济条件差的人家筑墙全部用夯土。条件好些的就用青砖加固墙壁的转角和交接处，如勒脚（也有用大石头砌勒脚的）、房屋四角、山墙上檐和门窗框等部位，其余地方用夯土填充。夯土外抹灰，青色的砖面与抹灰面形成鲜明对比。条件最好的人家整幢房屋都用砖砌。

建房要经过打地基、砌墙、做木事、上瓦、安门窗等主要步骤。

步骤 1：打地基。

在清理好的地面上放灰线，画出墙体位置。地基采用沟槽形式，沟槽的宽度是墙厚的2倍，深度视地面土质而定，土质好的下挖0.5米即可，土质不好的则需挖1米以上，直到触到坚实的生土为止。

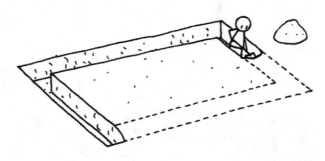

挖地基沟槽

在基础槽内砌大块石头，灌注破灰泥填缝，由瓦匠负责。

筑墙基

步骤 2：砌勒脚。

墙砌在地基中央，勒脚一般由大石块或青砖砌
成，高度60厘米上下。

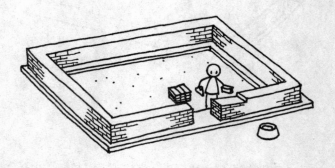

砌勒脚

步骤 3：砌墙。

根据墙体使用材料的不同，有土墙、石墙、砖墙三种做法。

打土墙需要三人协同工作，所用模具称为"打墙板"，高一尺（33厘米，约数，后同），由两长一短三块木板拼接而成。短板名为"横头"，宽50厘米。长板长约五尺五寸（1.83米），板上方的中部安有抓手。横头与长板连接处有榫口咬合，再垂直穿一根铁条固定。夯土墙时，在施工墙段位置下垫两根70厘米长的木条，以固定打墙板所在高度、防止板子下滑。打墙板开敞一端咬住旁边的土墙，这一端板底垫的木条上钻有两个圆孔，相距50厘米，将两根1米多长的木条贴着打墙板外侧插入孔内。距板下木条1米高处用另一根木条固定两根长杆，夹住打墙板，固定开敞端的宽度。板内盛满黄土，一人用"杵子"夯实填土。杵子下方是一块圆台形的大石头，上方连着一根70厘米长的木棍和约20厘米宽的把手。夯到自由端一侧时，可转动木杆让出上方的工作空间。每夯一"版"高约30厘米的土墙，需要加土三次，用时15～20分钟。一版土墙夯好后，撤去板下的木条，握着抓手提起打墙板。一人用"扇板"拍平墙体。扇板板长1米，柄长50厘米。另一人负责修整墙体，填补空洞、抹平墙面。第三人在新位置安装打墙板，准备夯下一版土。门窗洞口上的过梁要预先埋好，待土墙完全夯好后再将洞口掏出。现在人们生活富裕，已经没人再打土墙建房了。

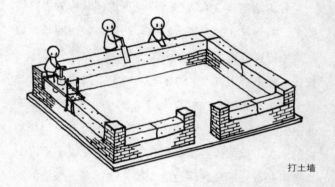

打土墙

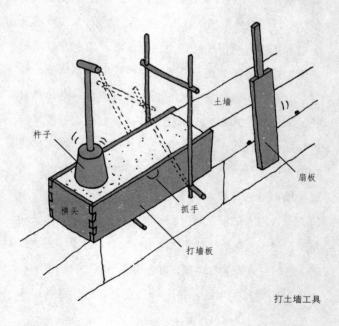

杵子

横头

抓手

打墙板

土墙

扇板

打土墙工具

一顺一丁

顺丁相间

砖墙砌法举例（砖的长边平行于墙面砌筑的称为顺砖，
长边垂直于墙面砌筑的称为丁砖）

　　新中村的砖墙厚度在0.4～0.5米，墙是实心的，利于保温。

　　砌砖墙、石墙的工作也由瓦匠负责，在砌墙的同时预留出门窗洞口。

　　步骤4：做木事。

　　一层的墙体筑好后，木匠上楼板梁，再在梁上搭棚。之后继续砌筑二层墙体。中央开间用抬梁式木构架，山墙硬山搁檩，檩上搭椽。

　　上梁时，主人要放鞭炮庆祝。

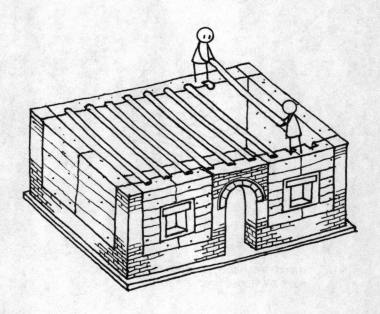

做木事

上梁庆祝

步骤5：上瓦。

　　屋面用瓦主要有底瓦、小瓦、檐瓦、驮瓦4种。底瓦一般宽15厘米、长20厘米，不同窑口出产的瓦片尺寸略有差别；小瓦的长、宽比底瓦各短2厘米；檐瓦用在檐口，比底瓦或小瓦多出一块滴水；驮瓦即筒瓦，用在正脊和垂脊部位。底瓦、小瓦与檐瓦铺设时都是凹面向上。

　　先在椽子上方头顶着头铺一层底瓦，再将底瓦瓦面用破灰泥抹平。破灰泥上用"压三露一"的比例铺一层小瓦，即上层小瓦压住下层的3/4、露出1/4，瓦少的也可做"压二露一"，小瓦间用白灰与煤末混合调成的灰色灰浆黏合。正脊处的小瓦用正方形的"八砖"压住收头。八砖上铺驮瓦，驮瓦上再做正脊。

　　主人会在正脊两端的八砖下放文房四宝、小镜子等祈福之物。正脊翘起的端头名为"猫头"。有功名的人家可以在屋顶上做"五脊六兽"的装饰，即一条正脊和四条垂脊，共五条屋脊，正脊两端和垂脊下端共安放六个脊兽。

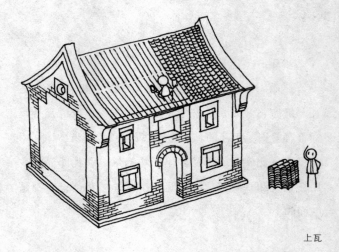

上瓦

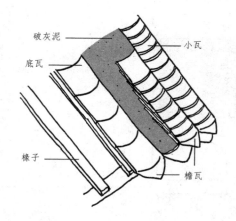

破灰泥

底瓦

椽子

小瓦

檐瓦

瓦的铺法

步骤 6：安门窗。

在留出（挖出）的洞口内安装门窗，由木匠负责。

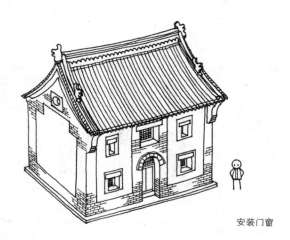

安装门窗

步骤 7：装修。

找平、粉刷墙、地面。大功告成。

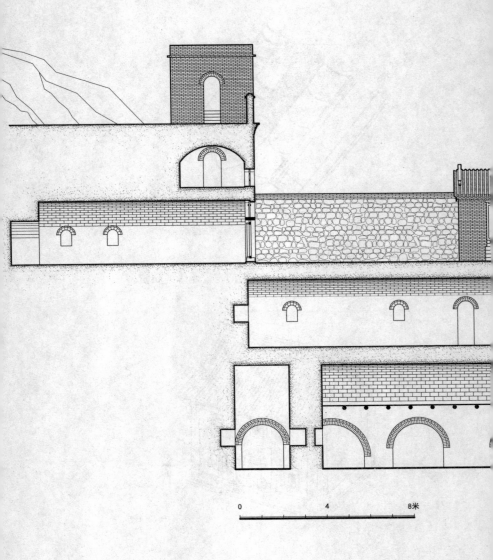

0   4   8米

柏茂庄园的三层窑院（周益绘制）

伍　新叶村徽派民居[1]

1. 江南新叶

　　新叶村位于浙江省建德市西南的大慈岩镇，居民以叶姓为主，世代务农，是个典型的以宗族为纽带的血缘村落。玉华叶氏自南宋嘉定十二年（1219）定居于此，历经宋、元、明、清、民国历朝至今，已有近八百年的历史。新叶村的社会发育程度相当高，村中有住宅、祠堂、寺庙、书院、文峰塔等，建筑类型丰富多样。

　　这里属于亚热带季风性气候，四季分明，气候温和，光照充足，雨量充沛。村中分布着大小几个水塘，夏季暴雨时，池塘排水不及，雨水会混着池水漫到水塘附近的街巷上。

新叶风光

2. 粉墙黛瓦

　　新叶村的住宅形制，无论平面、立面还是室内外装修，都与皖南、赣北的住宅近似，属徽州民居一系。住宅单元的基本模式是三合院和四合院，房屋通常为两层。

　　三合院由三间正房、左右各一间厢房组成，天井很浅，当地称"三间两搭厢"。四合院称"对合式"，比三合院多出一面三间房屋。与北方四合院正房、厢房、倒座分开布置的方式不同，江南民居布局紧凑，四面房屋围成一个连续的整体，只在屋顶当中挖一个小小的天井排水、采光，因此这种平面布局形式也被称为"四水归堂"。若是"对合式"纵向再接一个"三间两搭厢"的院落，则可构成形如"日"字的大型院落。

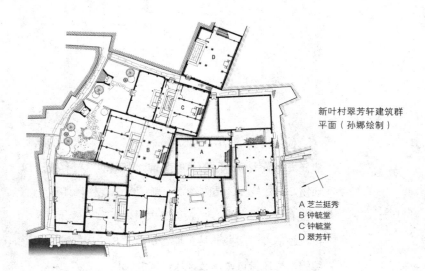

新叶村翠芳轩建筑群
平面（孙娜绘制）

A 芝兰挺秀
B 钟毓堂
C 钟毓堂
D 翠芳轩

根据宅基的具体形状，方整的房屋周围辅以厨房、柴房、仓房、猪圈、牛栏、厕所等辅助用房，构成完整的居住生活空间。

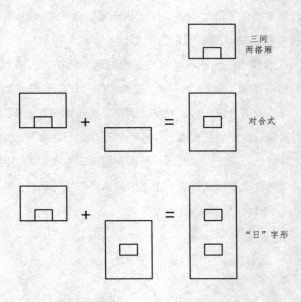

三间
两搭厢

对合式

"日"字形

院落平面构成示意图

住宅内部，一层的梁、枋、牛腿及二层天井的露明部分集中着大量华丽的木雕装饰。雕刻的题材有花卉、动物、戏曲场面，造型圆润，雕工精湛，栩栩如生。

住宅院落内向，白粉墙高大封闭，对外只开门及小窗，山墙多做层叠的马头墙。粉墙黛瓦，房前绿水倒影绰绰，微风拂过，水波轻漾，宁静安详。

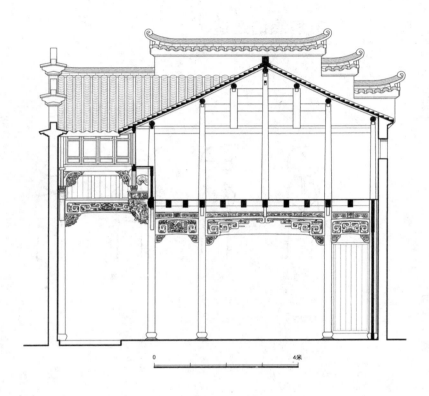

新叶村芝兰挺秀住宅纵剖面（孙娜绘制）

3. 房屋的建造

主家　　　　　堪舆师　　　　大木师傅　　　　工人

本篇登场人物

　　登场人物：主家、堪舆师、木匠、石匠、泥水匠等。

　　建房大致要经过看风水、起屋样、备料、平整地基、定磉、拼架、立木、踏栋、砌墙、铺瓦、抹地面等步骤。踏栋即上梁，是最重要的一步，会举行隆重的仪式。

步骤 1：看风水。

主家请来堪舆师相地观风水，确定建筑与周围环境的关系，选定房屋的基址、朝向，择定起工架马、清场、定磉、拼架、立架、踏栋等重要工序的吉期。

堪舆师相地

步骤 2：起屋样、做丈杆。

主家委托一位经验丰富的大木匠师傅建造房屋，师傅有自己的工匠班子。普通住宅的建造工作只需大木工匠即可完成；当建造规格较高、比较讲究的住宅时，其他工种的匠人也会参与进来，大木工匠、小木工匠、花工（专事木构件雕饰的匠人）、石匠、泥水匠各司其职。

根据主家的财力、需求及所备材料的状况，大木匠师傅与主人协商，定出建筑的规模、布局和形式。师傅"起屋样"，画出简单的房屋平面图和屋架图，并将屋样中的全部尺寸落实到"丈杆"与"造篾"上。新叶村的丈杆是一根矩形截面的木杆，长度与全屋最长的一根构件（堂屋的檩子）相同，其上标有全部的大木尺寸。造篾是一套竹条做成的制尺，每根竹条上标有一个木构件的全部尺寸和榫卯的位置。房子建好后，要将丈杆架在堂屋金檩下的枋子上保存，留待日后修房时参考，也表示对工匠的敬意。

确定房屋形制

步骤 3：备料。

开工之初要准备三块祭祀用的"班头"。（从正厅一榀梁架的前小步柱、栋柱和后小步柱开始下料加工，先将伐木时留下的木料下端的锥形木块锯下，即为"班头"。）主家要用手扶着班头，使其锯断后不落地。三块班头分别代表鲁班、班妻和班母，也有说是鲁班和他的两位弟子木工、泥水工的。将三块班头放在漆盘里，供在旧宅"上横头"（太师壁前的条案正中），待日后举行踏栋仪式时再迎往新屋工地祭拜。

木材的使用要考虑树木生长时的状况：垂直构件梢端向上、根端向下，水平构件梢端向西、根端向东或梢端向北、根端向南。构件无论大小，均须依循此法，不可违逆。经过选料、齐柱脚、弹墨线、刮木取直、开榫卯等工序，将全部构件加工成型。

锯班头

步骤 4：平基、定磉。

在备料的同时或略后，于择定的吉日在建房基址开工动土，平整地基。动土前要摆双刀肉（带两根肋骨的五花肉）、全鸡、豆腐、米饭、酒等祭品供奉土地神，焚香烧纸、鸣放礼炮。主家向所有工匠分发红包，图个好兆头。

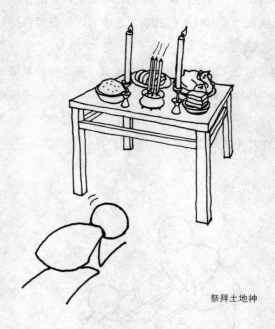

祭拜土地神

开工时有请"马甲将军"的习俗。"马甲将军"是一张写着"天无忌，地无忌，年无忌，月无忌，日无忌，时无忌，阴阳无忌"等字样的红纸，有的还有"姜太公在此，大吉大利"等字样。将马甲将军贴在工地周围的墙角、地头上，以求保佑建造工程顺顺利利。

　　地基采用素土夯实。基础夯实平整完毕后，由泥水匠或石匠放灰线，定出墙体和柱网的轴线位置。在柱底位置安放方形的平磉（柱顶石），用墨线把柱础中心点位置标在平磉上。磉石上表面即未来的室内地平面。

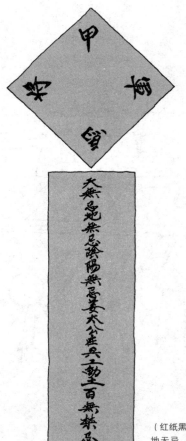

（红纸黑字）马甲将军：天无忌，地无忌，阴阳无忌，姜太公在，兴工动土，百无禁忌。

步骤5：拼架、立木。

将备好的木料运到施工现场，由木匠指挥，将柱、梁、枋等构件合榫拼装，穿上木簪，组成"扇架"。在每榀梁架栋柱顶上的榫卯缝里夹一叠五色布头，青、绿、红、白、黄五色，分别代表天、地、日、月、土。

拼装扇架（根据《新叶村》资料照片绘制）

　　扇架每拼完一榀便竖起一榀。将几根长竹竿一上一下横绑在屋架上，下面的竹竿与人肩膀同高，上面的竹竿固定在屋架中部靠上的位置，竿上绑定几根长木棍的端头，柱子顶部再绑几根绳子。起架时，一组人手拉长绳，几人握着长木棍撑起扇架；另一组人用力推柱子下方。上中下三处一同发力，众人合作将扇架竖起。四榀扇架都竖起后，暂时两两靠在一起。

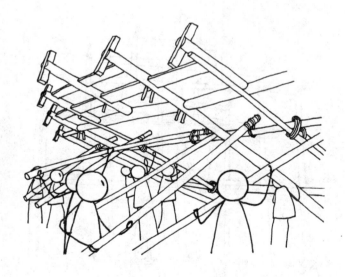

竖立扇架（根据《新叶村》资料照片绘制）

在磉石上安放好柱础后，众人肩扛下部的竹竿抬起扇架，其他人手撑木棍保持平衡，将扇架移至对应的柱础上方，安放就位，用木棍斜撑着临时固定起来。接着，在各榀扇架间加上横向的檩、枋构件，形成空间结构。安装时，要留下明间脊檩不入榫卯，先在卯口放一支造篾垫着，等到堪舆师择定的吉日再举行隆重的"踏栋"仪式。

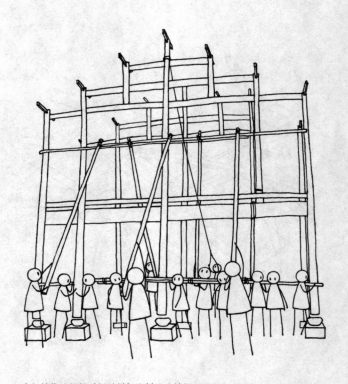

扇架就位（根据《新叶村》资料照片绘制）

步骤 6：踏栋。

踏栋之前，要将大梁装饰一番：在大梁中段盖一块红布，上面挂一个筛子、一束万年青，再交叉放几根青竹。每样东西都有含义：红布兆大喜；筛子有千只眼，可看穿一切鬼魅和不吉；万年青象征永久的兴旺；青竹则意味着节节高升。

仪式当天，在正房明间中央设供桌供奉三块"班头"，供品有果盒、香烛、肉、饭、豆腐等。主家、堪舆师、工匠师傅和族中长者坐在最前面，后面站着工人、亲友和邻居。踏栋仪式由木匠师傅和泥水匠师傅主持。待吉时一到，随着一声高唱，主家恭请腰扎红布带、手持大木槌的两位主持人登场。待他们当场洗脸、喝茶、上香完毕，踏栋仪式便开始了。

木匠师傅手握木槌，依次打向左边中榀屋架的前大金柱、右边中榀屋架的前大金柱、左后大金柱和右后大金柱，边打边唱：

一打金鸡叫！

二打凤凰住！

三打百无禁忌！

四打四柱落地！[2]

木匠每唱一句，泥水匠便和一声"好！"

---

2. 陈志华、李秋香：《住宅（上）》，第131页。

打柱

打完后，木匠在右，泥水匠在左，各自登梯攀向中柱的柱顶。木匠边攀边唱：

> 脚踏金梯银梯步步高，八仙过海捧仙桃，仙桃头上生贵子，柱子头上状元郎。[3]

依然是木匠每唱一句，泥水匠便和一声"好！"。待攀爬到位，木匠接唱《开光大吉》和《护身咒》两首咒语，拜请各路神兵保佑，唱诵过程中仍是木匠与泥水匠一唱一和，"好"声不断。《护身咒》唱毕，木匠抽掉垫在大梁卯口的造篾，打入榫卯，整个屋架便大功告成了。

随着最后一声槌响，鞭炮齐鸣。早已在屋架上等待的工匠们将印有大红喜字的馒头抛向下方的人群。馒头在当地又叫"兴隆"，

3. 陈志华、李秋香：《住宅（上）》，第133页。

抛馒头有祝祷日日兴发、年年隆盛的意思，称为"抛梁"。围观者双手向空中接馒头、弯腰捡地上馒头的动作，看起来很像打躬作揖，图个热闹喜气。

抛梁

新叶村东南的绍兴一带流传着这样一首《上桁歌》：

馒头抛到东，代代做国公；馒头抛到南，代代中状元；馒头抛到西，代代做皇帝；馒头抛到北，代代享洪福。[4]

馒头抛毕，将大梁上的红布取下截为三段，主家留一份，踏栋的木匠和泥水师傅各得一份。这个步骤称为"回红"，红布代表着吉祥和喜气。

踏栋仪式的最后一步是送神。主家和匠师恭敬地捧着三块班头送出村外，丢进溪水中冲走。随后在丢弃处设祭，供上生肉、豆腐和米饭，焚烧纸元宝。待元宝烧尽，踏栋仪式也就全部结束了，此后的工序中不再举行任何仪式。

4.《绍兴市志》。

步骤 7：砌墙。

墙基采用沟槽形式。勒脚用大石块砌成，高0.4至1米多不等。墙壁多为单立砖无眠空斗，厚约220至250厘米，砌时留出门窗洞口。

一眠一斗

一眠三斗

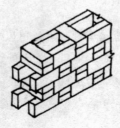

双丁砖无眠空斗

其他几种空斗砖墙砌法（砖平砌的称为"眠砖"，侧立的称为"斗砖"）

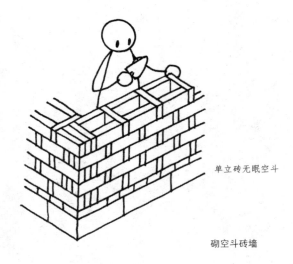

单立砖无眠空斗

砌空斗砖墙

步骤 8：铺瓦。

与北方建筑有灰背的厚重屋面不同，南方建筑的屋面更轻巧。新叶村采用略带弧度的板瓦铺成合瓦屋面。富裕人家先在椽子上平铺一层望板，望板上再铺仰瓦和俯瓦，采用"压七露三"的做法。穷人家不铺望板，直接在椽子上铺仰瓦，仰瓦上再盖俯瓦，瓦也铺得稀疏一些，可用"压四露六"的比例。屋脊用竖立的板瓦排列而成，两侧略有升起。

步骤 9：装修。

铺地面，安门窗，铺地板，装隔墙、楼梯、栏杆，粉刷墙面，大功告成。

陆

龙脊干栏住宅[1]

1. 本章主要参考孙娜《龙脊十三寨》、郭立新《天上人
间——广西龙胜龙脊壮族文化考察札记》。

1. 龙脊干栏住宅概况

　　龙脊十三寨位于广西壮族自治区龙胜各族自治县和平乡东部，是由二十多个大小村寨组成的社区的统称[2]。十三寨地形可概括为"两山夹一水"，金江河自东北向西南流淌，北岸是龙脊山，南岸为金竹山。这二十几个壮寨、瑶寨就分布在河水两岸的山腰和山脚下。龙脊十三寨的平均海拔在1000米上下，夏热冬冷，以梯田稻作农业为主要经济来源。近年来，以平安寨为代表的"龙脊梯田"景观蜚声海内外，成为国内外游客云集的旅游胜地。

　　干栏建筑，又称干阑、高栏、阁栏、麻栏等，是一种底层架空、下畜上人的木构建筑形式。学者认为它起源于远古时的巢居方式。干栏住宅广泛分布于我国西南部的广西、贵州、云南等少数民族聚居的地区。这些地方山高水险，气候炎热又潮湿多雨，底层架空的干栏可同时满足防潮、防兽、防盗、通风等多种居住要求，是最适合这里的住宅形式。

　　现代书写延续了甲骨文和金文中原始的形态。屋下有猪，即一个"家"字[3]，这也是下畜上人的干栏住宅的最好写照。不同的地形特点、环境条件，各民族独特的生产、生活习俗和宗教信仰，造就了丰富多彩的干栏住宅样式。

---

2. 十三寨中主要的寨子包括廖家寨、侯家寨、平寨、平段寨、平安寨、龙堡寨、新寨、江边寨、枫木寨、金竹寨、八难寨、马海寨及黄洛瑶寨等，旧时有一位共同的头人。
3. 一说"家"字在《卜辞》中多指先王、先妣的宗庙，甲骨文和金文中的字形描绘的是摆放着牺牲的宗庙，家庭的含义是后来才延伸出来的。

甲骨文　　　　　　　金文　　　　　　　楷书

"家"字的沿革（《汉字王国》）

　　龙脊的干栏住宅依山而建，布局形式灵活，与山形结合巧妙。村落中，房屋随山势层层叠叠，人造建筑与自然环境完美地融合在一起，景色美不胜收。

　　龙脊的传统干栏住宅通常分为三层。底层较矮，不住人，有牛栏、猪圈、鸡鸭舍、厕所等设施，还可堆积粪肥、存放农具；二层是人们生活居住的场所，位于正中的堂屋供奉"天地君亲师"和祖先牌位，是房子的礼仪中心，分布于堂屋两侧的火塘间则是人们的生活中心；三层是阁楼，用来储藏粮食、杂物，使用可移动的爬梯上下。

　　与新叶村住宅华丽的建筑装饰不同，龙脊的干栏建筑朴素至极。有些人家会在二层出挑的部位下做极简单的垂莲柱装饰。

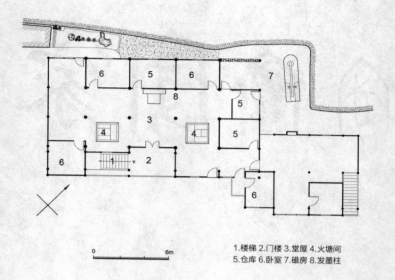

0   6m

1.楼梯 2.门楼 3.堂屋 4.火塘间
5.仓库 6.卧室 7.碓房 8.发墨柱

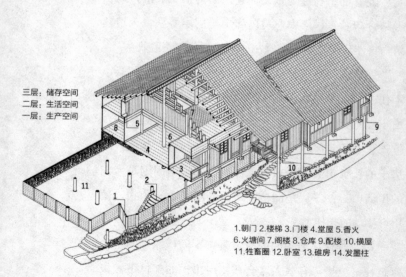

三层：储存空间
二层：生活空间
一层：生产空间

1.朝门 2.楼梯 3.门楼 4.堂屋 5.香火
6.火塘间 7.阁楼 8.仓库 9.配楼 10.横屋
11.牲畜圈 12.卧室 13.碓房 14.发墨柱

干栏住宅的布局（《龙脊十三寨》，孙娜绘制）

广西龙胜龙脊廖家寨
二〇〇六·三·十一

龙脊村廖家寨一隅

2. 壮家风俗

　　明末文人邝露在记载南方少数民族风情传说的奇书《赤雅》中有"子长娶妇，别栏而居"的记载。"栏"即壮话中的家屋，也指最小的社会单位。近代龙脊十三寨的壮族多是三代以上同堂的"扩大家庭"[4]形式，父母与一个已婚儿子的家庭同住。二层左右两个火塘，两个小家各用一边，分灶而食。其他儿子娶妻成家后，便要另建干栏，分家居住。

　　为了在山林间不利的生存环境中更好地生活下去，这里的人们发展出了打背工、认老庚的习俗。临近几个村子的村民，有年岁相仿、关系较好的就会互认"老庚"，相当于"拜把子"的性质，方便大家互相照应。年节时老庚间会互相做客，主人会像对待亲兄弟一样招待老庚。"打背工"是壮人间一种约定俗成的互帮互助风俗，像建房、播种、收割这种需要在短时间内集中大量劳动力的工作，都需要打背工。村民们自备工具，轮流到各家帮忙，主人连饭食都不必招待。集体劳作井然有序，效率颇高。

　　壮家人生活的方方面面都离不开火塘。一日三

---

4. "扩大家庭"是相对"核心家庭"来说的。一个核心家庭指由父母及其未婚子女所组成的家庭类型。

餐，一家人围在火塘四周吃饭；寒冷冬日，人们围坐在火塘边取暖；婚礼之夜，男女双方的宾客在火塘边"坐夜"，通宵对歌；过年杀猪，切好的一条条猪肉被挂在火塘上方慢慢熏制成腊肉；秋收过后，人们将玉米挂起、把禾把[5]收入火塘上方的禾炕中保存；阴天下雨，淋湿的衣服、鞋子也要放在火塘边烘干……远古人类对火的崇拜与依赖一直延续到现在。人们对火塘格外重视，建新房时火塘起架和第一次生火的时间，都要按照"竖造日课"[6]中的规定进行。此外，第一次生火由男主人还是女主人点燃也是有讲究的。

火塘边

---

5. 禾把，绑起的一把稻子。
6. 竖造，风水学术语，指营建住宅、城郭、寺庙、库馆等。

龙脊十三寨的山坡坡度较大，梯田大多迂回窄长，耕牛不得转身，因此耕地极少用牛。“你一头来我一头，老婆在前当黄牛，老公在后麻直呸[7]，夫妻双双汗流流。”田间劳作中，女人在前拉犁，充当耕牛的角色。平时翻地松土的日常工作，也是女人做得比男人多。男女合力劳作，使壮族妇女的地位比“男尊女卑”的汉族高出很多。打背工时各家出的劳动力也是男女皆可。从某种意义上说，壮族的女人比男人更能干活。

你一头来我一头，老婆在前当黄牛
（根据《四季龙脊》[8]资料照片绘制）

7. 麻直呸是“喊一声往前走”的意思。
8. 张力平摄影，《四季龙脊》，南宁：广西人民出版社 2007.7。

3. 干栏的建造

主家　　　地理先生　　　大木匠　　　工人　　　家门、
　　　　　　　　　　　　　　　　　　　　　　　邻居、老庚

本篇登场人物

　　登场人物：主家、地理先生、工匠、邻居、家门[9]、老庚等。

　　龙脊十三寨保留了传统干栏住宅的样式和建造习俗。经验丰富、手艺好的大木匠是建筑的设计者和造屋工程的负责人，主持施工过程中的各项仪式。十三寨内没有专职的木匠，由各寨会做木工活的村民兼任。其中以枫木寨的木匠手艺最高，寨里的干栏也最为整齐美观。

　　建干栏住宅大致要经过看风水、房屋设计、入山伐木、动土平基、木料加工、起架、安梁、上瓦、

---

9. 家门，寨子中拥有亲缘关系的人们的互称。

装修、入宅归火等步骤。其中搬木料、开挖屋场、扎排竖柱、上瓦等工序需要大量的人力，由村民"打背工"协作完成，因此建造住宅的时间大多选在农历八月秋收之后。

步骤 1：看风水。

起屋之前，主家请地理先生来看宅屋地基的风水龙脉，确定建筑基址、朝向，编写竖造日课。

壮族文化受汉族影响颇深，龙脊的风水流派属湖南的梅山派。基址要背山面水：背后的山梁长而舒展，是为龙脉；宅后山势环拱呈护卫之势；宅前有腰带水环绕，不能是反弓水；面朝山形如笔架或珍禽瑞兽，不能像斧头，不能有瀑布。因阳光充足，壮人对建筑朝向并不十分讲究，以场地的长宽形状为前提，选择利用率最高、最合理的房屋布局方式即可。

选址定位

　　与汉人的风水先生不同，壮人的"地理先生"往往身兼多职。除了为主人看阴宅、阳宅、择吉的工作，他们还可能是为人打道场、主持丧葬仪式的"道师"，帮人架桥驱鬼的"鬼师"，可被"鬼魂附身""沟通阴阳两界"的"杠桐师"，有的还兼做用艾灸、草药为人治病的"草医"。

看风水　　　　　　　　写竖造日课

道师　　　　　　　　　鬼师

杠桐师　　　　　　　　草医

身兼数职的地理先生

一张竖造日课（根据《龙脊十三寨》资料照片绘制）

　　地理先生根据房屋的朝向及主人的生辰八字等条件，推算出造屋各项重要工序的吉日吉时，以墨笔写于红纸之上，即为竖造日课。其中涉及的工序有动土平基、伐墨柱、起工架马、砍伐梁木、木料入场、发槌竖柱、盖房、作灶、安大门、入宅归火等，造屋时要严格按此表执行。

　　步骤 2：房屋设计。

　　大木匠根据主家的要求、场地条件及鲁班尺上的吉凶祸福，定出房屋的开间、进深数目及尺寸、各层层高等，按经验核算出大致的造价，有的会画简单的示意图纸。与无偿的打背工不同，木匠是有偿劳动，主家要付给木匠工钱、招待饭食。为减轻主家的经济负担，主家的亲戚、邻居有时会请木匠们到自己家中吃饭。

大木匠设计房屋

　　龙脊十三寨的丈杆用略高于房屋中柱的竹竿做成。大木匠用各种不同的木工符号将各根柱子及穿枋洞口的大小、高度、位置等标注在丈杆之上；小构件的位置及尺寸标在许多小竹片上，将标有同一排柱子上构件尺寸的竹片穿成一组，形成扇状的小丈尺（即新叶村的"篾刺"）。丈杆会长期保存，以备将来房屋修理、改造时使用。

　　当人们觉得时运不济、灾病连发时，常将原因归咎于祖辈所传下的住宅，认为按祖先生辰八字所盖的房子与自己相冲。这时要将过去的梁木取下，换一根新主人亲自选定的梁木上去，也就相当于改了风水。伐新梁木及上梁的时间也都要依循推定的吉期进行。

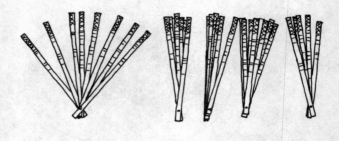

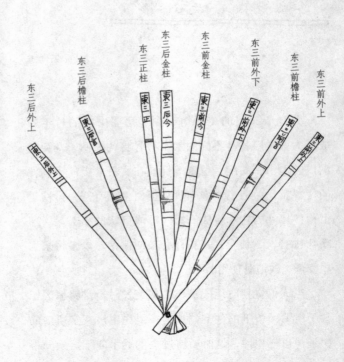

东三后外上
东三后檐柱
东三正柱
东三后金柱
东三前金柱
东三前外下
东三前檐柱
东三前外上

不同柱子的尺寸明细

步骤 3：入山伐木。

十三寨建房主要用杉木，其中"发墨柱"和"梁木"是最重要的两根构件，用材须由主人亲自在山林中寻找，加工时要举行特定的仪式。发墨柱是堂屋右侧（面向香火堂）的后金柱，又叫"金东"，是木匠最先开始加工的构件，也是柱网定位的基点。梁木即大梁——住宅明间的脊檩，位于整个宅子的最高处，关系着主家的财运和子息，是最后安放的结构构件，也是最重要的构件。

选定树木

　　采伐梁木要选在凌晨天未亮时，称为"偷梁"，偷得的梁会"长发其祥"。主人挑选树干粗直、枝叶繁茂、生命力强的树木，周围要有许多丛生的小树蔸，是"后继有人"之意。主人拜托家人健全、品行端正的成年男子砍伐树木，被人拜托砍木是受到肯定、受重视的表现，非常光荣。伐木时，先在树根部砍下三块楔形大木渣收起（类似于新叶村的"班头"），树木倒地时树干的一部分仍要连在树蔸上，倒地的方向要与房屋朝向一致（龙脊大多向东）。人们在树干上做记号，日后构件安装时要遵循树木生长的方向。

砍伐树木

　　主家将三块大木渣及事先准备好的祭品放进树蔸
里，插三炷香在地上祭拜。祭品有装着硬币（过去用
铜钱）的封包，用红纸缠绕的一叠纸钱，以及茶叶、
米或禾把等。纸钱和香都不必点燃。主家边拜边祈
祷，大意是：我们要用你做发家致富的梁木，你要保
住你的蔸蔸，你的崽越长越好，山怪不要来惊扰我
们。[10]仪式结束带一块木渣回家，日后用红布包好放
在梁木上。

祭拜树蔸

10. 郭立新：《天上人间——广西龙胜龙脊壮族文化考察札记》，第125页。

　　扛树下山的人也要父母双全。伐木前后，主家会
杀鸡鸭、备酒，款待来帮忙的人们。砍伐发墨柱的过
程与梁木类似。

扛树下山

　　步骤 4：动土平基。
　　正式造屋的第一步是在选定的吉日"挖屋场"，
平整、夯实地基，筑挡土墙。

　　干栏一般建在山坡地上，与修造梯田的方法类似，取坡上的土填至坡下，形成台地，边缘用石头垒墙挡住，在平整的场地上建造房屋。

平整场地、砌挡土墙

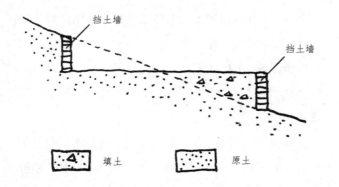

地基剖面示意

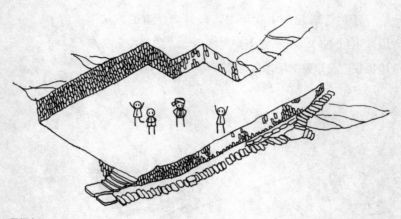

屋场完工

动土平基的工作量很大，要合全寨之力协同完成。主家提前告知村人动工的日期，到时每家每户出一个劳力（男女皆可），自带工具赶来帮忙，收工后各自回家，不用招待饭食。

步骤5：木料加工。

建房需要一个大木匠和六七个木工组成的工匠班子。

先要"搭场堆木"，在基地旁的空地上搭简易工棚，堆放木料，做开工准备。为避免发墨柱和梁木被人或动物跨越、踩踏，要将它们在工棚的一角吊起存放。

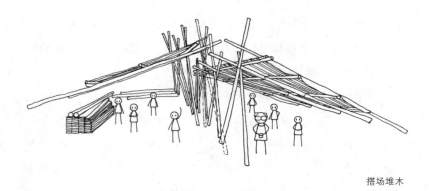

搭场堆木

　　"起工架马"时要举行一个拜神仪式。祭品有一个猪头、若干猪肉、酒、红包、两把禾把和几叠草纸。大木匠烧香祷告，祈求鲁班仙师保佑住宅建造顺利。在今后的起架、上梁之前，也要举行类似的仪式，祭品内容也差不多。祭拜后将禾把与草纸卷成一卷悬挂在棚子顶上。

祭祀保平安

按照丈杆上标示的尺寸，先用大木料加工柱、梁等主要构架，再加工串、枋等连接构件，楼板、屏风板、门窗等小木构件的加工，则要等到大木构架搭建完毕之后再进行。

加工发墨柱和梁木要举行特别的仪式，主家和大木匠当着众人的面一起弹画墨线。弹出的墨线清晰、平直与否，关系到主家和大木匠的吉凶，墨线清楚平直视为吉，反之则视为不祥。发墨柱是开工之初最先加工的构件，"发墨"之名也是由此而来的。加工梁木则是在上梁之前。发墨柱和梁木要由父母双全的木匠加工。

木匠们每天工作八九个小时。建造一座五开间的干栏住宅，大约需要五十天时间。

用丈杆画墨线

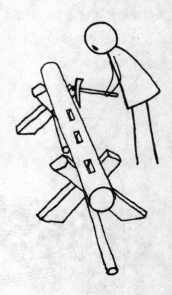

开柱槽

步骤 6：起架。

全部大木构件加工完成后，在择定的吉日吉时扎排竖柱，众人合力将各榀屋架顺次拼装成型、竖立就位。前后共需两天时间，第一天起架，第二天举行上梁仪式，这是整个建房过程中需要人手最多、最热闹的环节。主家提前将酒、糖等礼品送到亲戚、朋友及老庚家中通知吉日，联系要打背工的本村人分配工作，准备安梁仪式所需的鞭炮、贡品（通常是一斤猪肉、一个猪头、两把禾把、一杆秤及木工工具）、梁粑[11]、梁布等。

在平段寨，一家人盖房是全寨共同的大事。不光主人的亲戚、老庚、邻居要到场帮忙，就连邻居的亲戚也要赶来参加起架安梁的仪式。即使这些人定居在外地的城市，也必须在那时赶回老家参加仪式。

安装木构件要遵循所用木料的生长方向。对于柱子或竖置的木板壁[12]等垂直构建来说，安装时要使树根一侧在下、树梢一侧在上；若是梁、枋、串等水平构件，则要按照树根一侧朝向堂屋，树梢一侧向远端伸展的规律安放。这样安装构件，房屋整体就好像自下而上、由堂屋向四周生长出的一棵大树一样。

11.梁粑是将糯米煮熟舂烂后制成的圆饼状食品，直径十几厘米，为了喜庆常染成红色。
12.木板壁属小木装修范畴，是稍后才进行加工安装的。

龙脊的穿枋称为串子。拼装扇架时，将一排的几根柱子斜搭在一排木马上，抬起柱子上部，顺次插入山串、大串与小串。每组装好一榀扇架，便马上竖立起一榀。

拼装扇架

起架前，要在扇架的上、中、下部横向绑上若干根木杆，另有几根长木棍的端头绑在柱子的上部。竖架时，一些人用撬棍撬起底部的木杆；另一些人手提肩扛中部和上部的木杆将扇架抬起，待扇架竖起到一定角度后，用手抬扇架的人们改用绑好的木棍和一根根长竹竿撑起扇架。

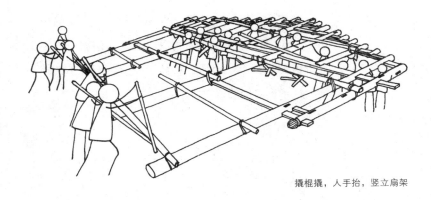

撬棍撬，人手抬，竖立扇架

一榀扇架完全竖起就位后，将事先绑定端头的几根木棍斜撑在地面上，作为临时固定。

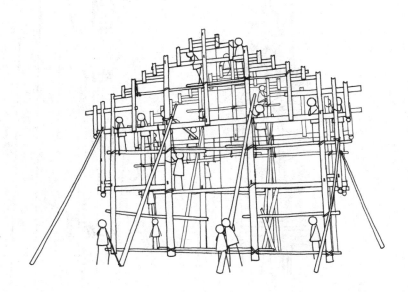

竖起后临时固定的扇架

待竖立起两榀扇架后，开始安装连接扇架的横向枋子，形成稳定的空间结构。工人站在扇架中部和上部绑着的木杆上，用绳子将枋子拉起，把枋子的端头插入柱子上对应的槽口中。

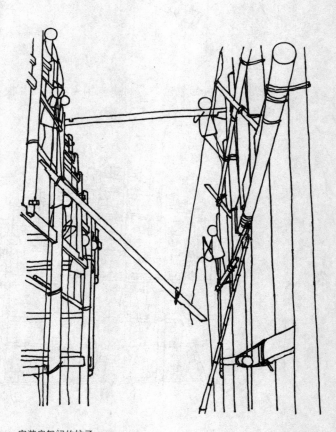

安装扇架间的枋子

　　当枋子的一头插入柱上的槽口后，另一端先紧靠柱子搭在这榀扇架的串子上，工人用大木槌敲击枋子端头，利用反作用力将待安装一侧的柱子略微向外倾斜，腾出一段距离，插入枋子的另一头。

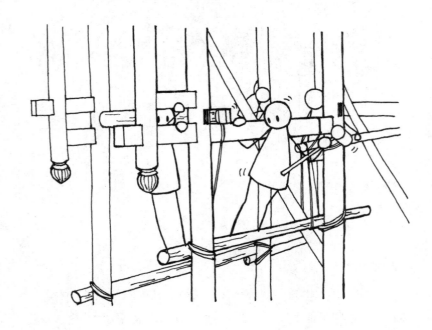

枋子入榫卯

　　接着再安装、竖起下一榀屋架，连接横向的枋子，直到将除檩子之外的大木构架全部安装完成。第二天会举行隆重的安梁仪式。

撬棍撬，木棍、竹竿撑，竖立扇架

步骤 7：安梁。

上梁当日天未亮时，要举行"发锤竖柱"的仪式。大木匠在堂屋中央的四根柱子上贴红纸（两根中柱和两根后金柱，包含发墨柱），杀一只公鸡祭锤、祭柱，取鸡血涂于柱上，用锤子依次敲击四根柱子。

之后家门中的男性成员一齐发力，将发墨柱所在的扇架稍稍抬起再放下。

安梁仪式依然由大木匠主持。大梁上涂满象征"鸿发"的土红色颜料，用一对木马架在堂屋正中位置。

发锤竖柱

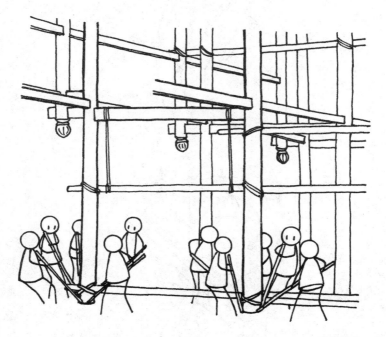

抬起扇架

　　大木匠和主家当众在梁木上弹出墨线。

　　爆竹声中，大木匠焚香、祭拜、念念有词，请鲁班仙师显灵，保佑房屋、主家、工匠一切平安。祷念完毕，大木匠杀一只公鸡祭梁，取鸡血从头到尾再从尾到头淋上梁木，边淋边念祭文。

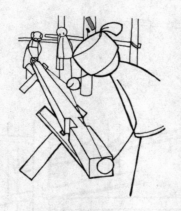

为梁木弹画墨线

鸡血祭梁

　　念罢，木匠和主人以硬币（旧时用铜钱）为钉，将一块块梁布钉在梁木的底部。

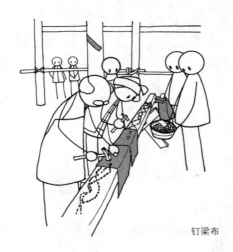

钉梁布

　　梁布是红色的长布条，由身体健康的已育妇女缝制。主家自备的梁布尺寸最大，写有"上梁大吉"四字，钉在梁木正中，下面挂3个装着茶叶、五谷的小袋子。主家的梁布两旁是亲戚、老庚送来的梁布，尺寸小一些，写"富贵双全""兰桂腾芳""紫微高照""楼宇辉煌"等贺词。大红的梁布排成一排排挂满大梁，非常喜气，寓示鸿发永发，称为"永发墙"。

　　众人上梁的贺礼包括一块梁布、一篮梁粑，有的还送谷子和红包。收到的梁布越多，主人就越光彩。

　　梁布钉好后，爆竹声中，4位父母双全的男丁用绳索将大梁拽至屋架顶部，边拉绳索边吆喝吉祥话。

永发墙

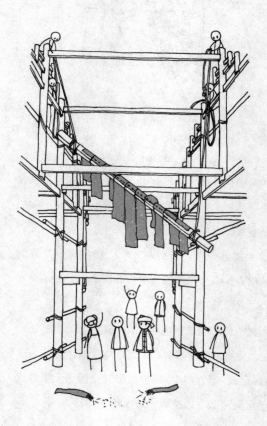

升梁

　　大木匠站在梁架顶端架起的木板上，将梁木就位后，取两块大梁粑放在梁木端头的两根柱子上，再把四捆禾把的稻穗叉开，架上梁木，每边两捆。接着再把准备好的梁粑、禾把、大米、酒、糖等送到梁上，开始抛梁粑。

上梁

　　主家准备一张新的床单或毛毯，由四人各拉一角，站在下方接住木匠从梁上抛下的东西。师傅抛下的有梁粑、米、糖、茶、硬币等，边抛边唱吉祥话：

　　一要子孙伶俐；二要富贵双全；三要三元及第；四要四季平安；五要五谷丰登；六要六畜兴旺；七要钱财满库；八要世代荣昌；九要千秋永固；十要万寿无疆。请问造主"愿富不愿富"？

　　主家齐声答："愿富！"

再问："愿贵不愿贵？"又答："愿贵！"[13]

喊毕，站在梁架上的小伙子们要将客人们送来的梁粑四下抛撒，供

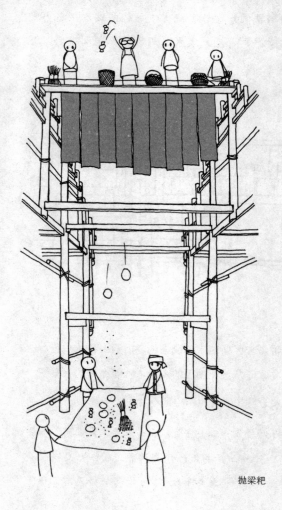

抛梁粑

13. 金竹壮寨史记编纂委员会，《金竹壮寨史记》，2008.5，第30页。

下面的亲友、邻居们争抢，场面非常热闹。俗信抢到的东西越多就越吉利，其中尤属抛下的第一块梁粑最吉利。梁粑不能都撒完，每个篮子中要留下几个作为回礼，让亲友们带回家。

主家招待客人和来帮忙的邻居吃第一天的晚饭及第二天的早饭、午饭共三顿饭食。吃席的人要赠送主家礼品，称为"礼性"，如水酒、大米、红包等，钱虽不多但是份心意。壮族人热情好客，宽容豁达，彼此间的关系亲密融洽。互相帮忙"打背工"，吃席不会计较饭菜好坏。请客的人数多少是主人威望人脉的体现。壮谚有"千金难买客登门，杀牛难得亲友来"的说法。

由于加工时的误差和场地平整度等原因，立好的梁架未必能够完全横平竖直，需要进行调整。人们用杠杆原理将梁架需要调整的部位抬起，再用铅垂来衡量是否竖直，靠增减柱础的高度找平。方法简单，有效易行。

调整梁架

步骤 8：上瓦。

过去每个寨子都有公用的瓦寮。建房时，主家请来瓦匠制瓦。住宅用的青瓦由淘净后无砂石的黄泥烧制而成，约20厘米见方，厚度近1厘米。挂瓦时，先在椽条上叠放仰瓦，再放盖瓦，由下到上，采用"压七露三"的比例，这样的瓦片不易松动，屋顶密实不易漏雨。一般五架进深的干栏住宅，每开间要用瓦六千至一万片。

上瓦也是由寨里人"打背工"协助完成的，主人无须招待饭食。

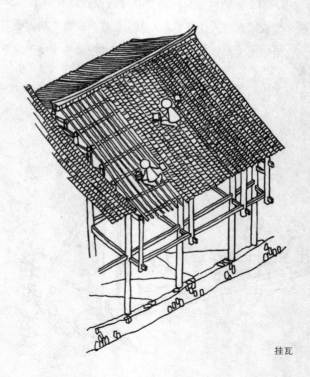

挂瓦

步骤 9：装修。

住宅屋顶挂上瓦，装好楼板和外围的门窗、木板墙后，便能挡风遮雨，主人可以乔迁新居了。内部的隔墙和细部的装修可以留着以后慢慢做，或等主人有钱了再进行。

步骤 10：入宅归火。

入宅归火就是乔迁新居、安置香火的意思。香火位于堂屋高处的壁龛内，供奉着壮人的祖先和保护神，是家之根本。香火用红纸黑字写成，受汉族文化影响颇深：中央是"天地君亲师位"[14]六个大字，右侧供奉"本家香火莫一大王尊神位"[15]，左侧是历代祖先的位置"本音堂上×

香火

---

14. 也有写"天地民亲师位"或"天地国亲师位"的。
15. 莫一大王，壮族传说中的英雄人物，是龙脊壮族最重要的神灵。

氏门中宗祖考妣之位",有的又写上灶王和财神,两侧贴对联,上有横批。壮家起新屋或分家时,要将老屋的香火移至新屋,就是把老祖宗请回来的意思,使香火代代相传。

住宅底层正中还有一块大石板,用来放置敬献龙神的祭品。龙脊人认为龙神掌管家中牲畜。逢年过节,主人会为龙神敬一炷香,若是家中六畜不旺,也会请法师来举行安龙神的仪式。

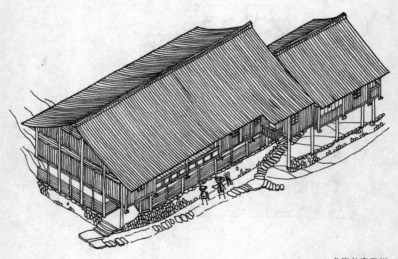

龙脊壮寨干栏

柒　高椅村窨子房[1]

1. 本章主要参考李秋香《高椅村》。

1. 湘西高椅

　　高椅村坐落于湖南省怀化市会同县以东的崇山峻岭中，沅江五溪之一的巫水河从村旁流过。怀化是湖南的西大门，是中原通往西南地区的交通要道，原本是少数民族聚居的地区。历史上，怀化原名"蛮砦"，宋熙宗七年（1074）取"怀柔归化"之意命名为怀化，并沿用至今。这里生活着汉族、苗族、侗族等40多个民族。

　　高椅村位于会同县治东北48公里处，东、西、北三面环山，南方面朝巫水河。河有渡口，古称"渡轮田"，汉人迁来后，曾先后用名"高溪""高锡"。清朝末年，风水先生说村子的环境如同一把稳坐江山的交椅，人们便将村名改作了"高椅"。高椅居民的祖先是古时镇守苗疆的戍边将士，村中最大的杨氏家族的先祖就是从江西迁来的。在此落地生根的汉人与当地苗族、侗族通婚，民族彼此融合，习俗相互影响，你中有我，我中有你。村民借助村旁的巫水河，将山中的竹木、桐油等资源运出大山，换回山外的物产与财富。今天的高椅村有近600户、2200多口人，其中85%的村民姓杨，侗族占全村人口的一半以上。

高椅风光（红黑鱼池一隅）

2. 窨子房与木楼房

　　高椅村是汉、侗两族混居的村落，长年的民族融合，形成了这里特有的文化习俗和建筑形态。高椅村有两种住宅形式，一种为院落式、砖木混用的窨子房[2]，一种是独立成栋的木楼房。

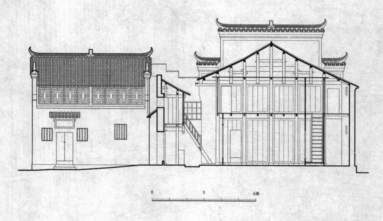

醉月楼及住宅剖立面（《高椅村》，史维绘制）

　　窨子房是由砖墙围合的院落，山墙多做成马头墙，当地人称其为"徽式建筑"或"赣式建筑"，颇有高椅人汉族祖先的遗风。窨子房布局较方整、紧凑，因形似印章而得名，又因室内光线暗，而被称为"窨子房"。与新叶村原汁原味的徽派建筑相比，高椅村的墙面不粉白灰，墙面砖纹外露，只在马头墙的边缘勾一圈白边，墙

---

2. 窨（yìn），地下室。

面砖体青红交错，别有一番韵味。高椅的住宅也没有新叶村那些华丽的牛腿、梁枋雕刻，装饰较朴素，集中在面向前院的窗扇之上。

红黑鱼池旁的窨子房

　　最基本也最常见的房屋平面呈长方形，围墙在房前围起一个窄长的小院，大门开在院子的侧面或正面。正房三开间或五开间，上下两层。明间是中堂，房门略退后，凹进的部位称"增角"，有招财之意。中堂后部是"香火壁"，木板壁前有条案，供奉"天地君亲师"神位和历代祖先，案下供土地爷。中堂两侧的房间是卧室，铺有木地板。香火壁两侧开小门洞，板壁后是通往二层的楼梯，二层做储藏之用。楼梯两侧次间的后间，一边是火铺屋；另一边可砌炉灶、堆杂物或舂米用。有的院子在正房背后左右建一到两开间厢房，中央围成一个小天井。两个基本平面可前后组合形成二进院落，或左右并置形成长形的院落。

　　火铺类似龙脊的火塘，是西南少数民族住宅中特有的设施。高椅的火铺呈正方形，四周围一圈六七十厘米宽的木板，距地面四五十厘米高。火铺通常位于房间的一角。中央火塘生火、做饭，人们可以围坐在四周烤火、吃饭，也可以躺在铺板上休息，火塘上方可以悬挂、熏制腊肉。

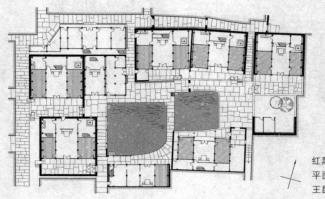

红黑鱼池周边建筑群平面（《高椅村》，王昆、毛葛绘制）

木楼房即侗、苗两族常见的吊脚楼，没有砖砌的屋墙和院墙。平面布局和使用与窨子房的木构部分一致，二层出挑。窨子房比木楼房造价高，但结实、气派，防火效果也好。过去高椅村中的木楼房有许多已毁于火灾，现在村中的住宅以窨子房为主。

荷塘边的木楼房

3. 窨子房的建造

主家　　　　　地仙　　　　　掌墨师傅　　　　工人

本篇登场人物

登场人物：主家、地仙、掌墨师傅、工人（木工、泥水工等）。

建房大致要经过看风水、房屋设计、备料、动土平基、定磉扇架、升梁踩栋、铺瓦、砌墙、装修等步骤。作为汉族与少数民族文化交汇之地，高椅村的建房习俗与新叶村和龙脊村有诸多相似之处，可说是二者的结合。

步骤 1：看风水。

主人请来地仙（即风水先生）看风水，选定房屋的基址、朝向和大门方位，确定各项重要工序的吉期。

看风水

步骤 2：房屋设计。

在高椅村，大木工人称"大墨工"，小木工人称"小墨工"。领头的大木匠师傅称"掌墨师傅"，即掌管墨斗、弹画墨线之人，他经验丰富、技艺高超，负责新房的设计工作。掌墨师傅根据地基情况和主人的要求，定出房屋的形制及开间、进深、高度等尺寸。

当地有"要想发，不离八"的说法，无论包红包的钱数还是房屋的高度、进深，数字末尾都要凑成"八"，寓意添丁发财，讨个吉利喜气。例如，楼房一层高度常选八尺零八（2.69米）、八尺一寸八（2.72米）；二层檐柱高度常做六尺四寸八（2.16米），最高到六尺六寸八（2.22米）；根据基地实际情况，房屋进深可选一丈八尺八（6.27米）、一丈九尺八（6.6米）等。

为了聚财，中堂要做成内宽外窄的口袋形状，香火壁位置的宽度比大门处宽出约1厘米。中堂门也是上宽下窄，因上为天、下为地，上方比下方宽出2～3毫米。为了防止"跑财"，宅门与院门也要错开，不能正对着。

步骤 3：备料。

木料的筹备在建房前几年就已经开始。与龙脊的习俗类似，房屋的梁木要选枝叶茂盛的"双生杆"，由儿女双全的锯匠师傅上山砍伐，尤以天不亮时"偷砍"为佳，锯梁木时要带上香纸敬奉山神。砍下的木料须顺山倒而不落地。抬梁木回家时要披红挂彩，沿途鸣放鞭炮。将抬回的梁木放在备好的木马上架起，以免人畜踩跨。梁木加工前，房主人还要摆茶款待锯匠师傅。

木匠依丈杆标示的尺寸、顺序加工木料，备齐房屋梁架所有木构件。

木料加工

步骤 4：打地基，放地脚。

清理场地，夯实地基，修砌墙体基础。开基之时，地仙要做法事祭祀神明，鞭炮齐鸣，祈求平安。打地基、砌墙、铺瓦、砌火铺等工作都是由泥水匠负责的。

步骤 5：定磉扇架。

柱下的磉石安放好后，由掌墨师傅指挥，在地面上将各榀扇架拼装成型，等待竖立。

竖柱之前，师傅要在新房基址上做法事祭祀鲁班仙师，祈求施工顺利、工匠平安。主人在未来房屋的中堂位置设香案，点香烛，供奉鲁班仙师的牌位（或供奉墨斗、斧头、曲尺等木工工具），供品有猪头、

猪脚、糖果、香纸、香米、酒水、红包等。待吉时一
到，祭祀开始。师傅身披红布，杀一只大公鸡，绕新
房基址一周，将鸡血淋在场地各处，边洒鸡血边唱咒
语，诵罢，用手凌空写一个讳字[3]，法事便完成了。之
后工人按照面向中堂从左到右的顺序依次竖立扇架，
将柱子落于相应的柱础上，穿起横向拉结扇架的枋
片，形成屋架的整体结构。

杀鸡做法

3. 讳字，又叫符讳，是道教神仙谱系中的天神代号，是天神的隐讳名谓。
   讳字的写法特殊，有近三千个。

步骤 6：升梁踩栋。

升梁踩栋的仪式隆重而热闹。

待升的栋梁要漆成红色，正中用一块红布包好，布中裹着笔、墨、茶叶、大米、金银、铜钱等物。笔墨寓意子孙功名不断，茶米兆示日后有吃有穿，金银则祈求家中万代富足。简单些的不用红布，在大梁正中贴一张写有"紫微高照"字样的大红条幅即可。将装饰好的大梁架在中堂香案前的一对木马上。大梁的两头用长绳绑好，留待稍后升梁之用。

升梁之前，掌墨师傅脚踩主人备好的青布鞋（名为"踩梁鞋"），手拿一只大公鸡，在香案前给鲁班仙师行礼。法师在中堂作法，焚香祷告，唱诵咒文，燃放鞭炮，驱邪挡煞，法事持续约半个小时。接着掌墨师傅杀公鸡，将鸡血分别淋于大梁梁头、梁中、梁尾之上，边洒血边唱咒语，祝福家主子孙代代为官、富贵吉祥。结尾处点燃鞭炮，此时大梁已准备完毕，可以开始升梁了。掌墨师傅高唱《升梁歌》：

日吉时良，天地开张。鲁班做屋，大吉大昌。上一步一举成名，上二步二老齐全，上三步三元作中，上四步四季常青，上五步五子登科，上六步六位高升，上七步七星高照，上八步八月科堂，上九步九堂快发，上十步十上登头，文登阁、武登侯。[4]

---

4. 李秋香：《高椅村》，第244页。

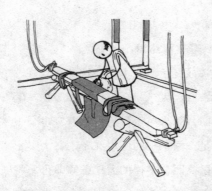

鸡血洇梁中

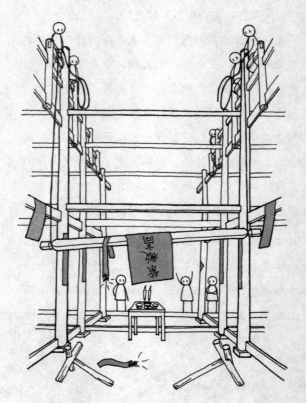

升梁

　　此时，已有几个工匠预先等在屋架之上。在齐鸣的鞭炮声中，屋架上的木工挽起绳索，将大梁缓缓升上柱顶，边拉绳子师傅边唱吉祥话。之后将大梁落榫，掌墨师傅进行"踩梁榫子"的仪式。

踩梁

　　师傅登上梁架的顶端，头缠红布，脚踏踩梁鞋，手拿一根两米长的"山尺"（又称"尺杆"）保持平衡，如杂技演员一般，在大梁上边走边唱："一脚踏梁头，子孙出公侯；二脚踏梁中，子孙坐朝中；三脚踏梁尾，一出富来二出贵。"这时师傅已走到大梁的尾部，配合口中唱词，手中做动作："手撑主栋枋，又买田来又买庄；手撑主栋瓜，又发人来又发家；手拿主栋鞋，荣华富贵自然来。"接着转身往回走，口中唱道："脚踩梁头，儿孙代代出诸侯，脚踩梁中，子孙代代坐朝中；脚踩梁尾，子孙代代富荣贵。左行三转出天子，右行三转状元郎。"[5]这样走一到三个来回，下面众人连声叫好。踩梁是难度大、危险性极高的活儿，大梁高横，屋架上没有任何保护措施，只有技艺高超、胆大心细的人才能胜任。

踩梁之后要喝"梁上酒"。梁上众人用绳子将主人事先准备好的装有酒菜、梁粑、糖果的篮、筐提到架上，在大梁上摆起一碗碗酒菜。师傅手捧酒碗，嘴中唱道：

一杯酒，赠天上，声声请着鲁班仙，鲁班仙人齐到此，千年发达万年兴。[6]

提篮上梁

5. 李秋香：《高椅村》，第244页。
6. 李秋香：《高椅村》，第244页。

喝梁上酒

　　梁上诸人边喊"高、升、权"，边划拳饮酒。师傅挑四个梁粑装进篮中，放回地面送还主人，口中唱吉祥话："赐你元宝一双，买田又买庄；赐你元宝一对，荣华又富贵。"[7]主人在下方接篮道谢。

　　随后，站在屋架顶端的工匠们将手中的梁粑和糖果抛向四周，地面上的众人或撩起衣摆、伸出双手争抢，或躬身捡拾，这象征着金银遍地、子孙满堂，谁拿到的东西最多，谁的年运也就最好。上梁踩栋仪式到此结束，主家要摆酒宴请工匠宾朋。

---

7. 李秋香：《高椅村》，第244页。

　　之后的铺瓦、砌墙、做火铺、木装修等步骤，也都与新叶村和龙脊村的类似。

抛梁（根据《高椅村》资料照片绘制）

捌　闽西客家土楼¹

1.本章主要参考黄汉民《福建土楼——中国乡
　土建筑的瑰宝》。

1. 闽西客家

位于福建省西南、闽粤交界处的龙岩、漳州两市，分布着一种独特的大型集合式住宅形式——土楼。这里属山地丘陵地带，亚热带海洋性气候温和湿润，雨量充沛，四季分明，自然环境优美，多树多山。这里是革命老区，也是著名的侨乡。

我们常听到"客家土楼"的说法。客家是汉族的一支重要民系[2]。一般认为，为了躲避战乱与灾祸，自晋室南渡之始，中原汉族居民共有五次大规模的南迁运动[3]。客家先民由中原大批南迁始于唐朝末年。在粤赣闽一带，南迁的北方汉人与当地土著居民杂处、联姻[4]，经过千年的演化，最终形成了相对稳定的客家民系。客家内部虽然支派众多，但他们拥有自己独特的方言和文化认同。

---

2. 狭义的"民系"，又称"次民族""亚民族"，指一个民族内部的分支，分支内部有共同或同类的语言、文化、风俗，相互之间互为认同。20世纪30年代，广东学者罗香林为了描述汉族内部的亚文化群体，首创了"民系"一词。汉族民系可分为东北民系、客家民系、广府民系等。

3. 以罗香林先生的观点为基础，中原汉族的这五次南迁分别发生在汉末至东晋（八王之乱、永嘉之乱）、唐末五代（安史之乱、黄巢起义）、南宋元朝（宋室南渡、金元入主）、明末清初（清军入关）、同治年间（太平天国）。

4. 一说客家人是由北方南迁的汉人直接发展演变而来的。

2. 福建土楼

　　自唐宋客家人南迁入闽后,闽西和闽南地区一直都是战乱频发之地。从外来的客家人与当地原住民之间的矛盾,到争田争地的宗族械斗,从农民起义军与政府的对立,到倭寇、山匪的侵扰,再加上林间野兽的威胁,坚强的防御功能便成了这里住宅的必然需求。据地方文献记载,土楼兴建最盛的时期在明末清初,尤其是明末倭寇侵扰之时。

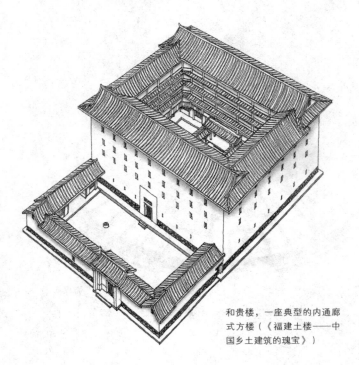

和贵楼,一座典型的内通廊式方楼(《福建土楼——中国乡土建筑的瑰宝》)

　　福建土楼主要有圆楼、方楼、五凤楼三种形式，另有其他的变异形式。它们有两大特点：一是规模巨大，使用夯土墙承重的堡垒式楼房；二是聚族而居，一族人住在同一座大型集合式住宅的屋檐下，有时一幢土楼就是一个村子。土楼分布最集中、数量也最多的是龙岩市的新罗区、永定区及漳州市的南靖县。

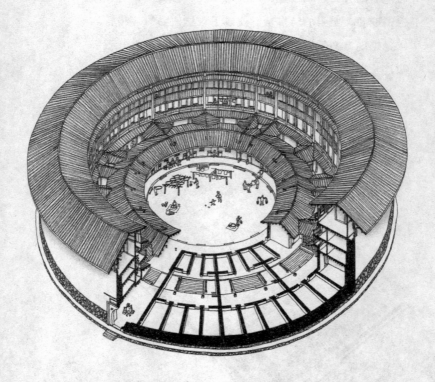

二宜楼，一座单元式圆楼（《福建土楼——中国乡土建筑的瑰宝》）

　　实际上，土楼并非客家人所独有，闽南人也建筑土楼住宅。据不完全统计，闽南人居住的圆楼、方楼的总数比客家人的还要多[5]。客家土楼与闽南土楼外观虽然相同，平面布局却差异极大。客家土楼是通廊式的，每家拥有从底层到顶层同一位置的住房，各家共用内侧连通的跑马廊，主要分布于客家人聚居的闽西龙岩、漳州等地区。闽南土楼是单元式的，各家有独立的楼梯，彼此独立成院、不相连通，主要分布于闽南福佬民系聚居的地区。

　　土楼的数量众多。据2001年的统计，龙岩、漳州、泉州三市共有圆楼、方楼、五凤楼及其他变异形式的土楼3733座[6]，其中以造型奇异的圆楼最为著名。圆楼内部有祖堂，围绕中心的公共空间，外围匀质的分布着族人的居住空间，与其他汉族民居长幼有序、尊卑有别的建筑排布方式完全不同。

5.《福建土楼——中国乡土建筑的瑰宝》，第109页。
6.《福建土楼——中国乡土建筑的瑰宝》，第35页，《福建土楼数量及分布简表》。

3. 圆楼的建造

楼主　　　风水先生　　　工匠师傅　　　小工（族人）

本篇登场人物

登场人物：楼主、风水先生、工匠师傅、小工。主人请来石匠、木匠、泥水匠和夯土墙、烧砖瓦的工匠，小工、杂工由族人担任即可。

建造一座土楼，大致要经过选址定位、动土开基、打石脚、行墙、献架、出水、装修等工序。

步骤 1：选址定位。

首先请来风水先生相地、择吉，选定造楼的基址和开工吉期。选址要看山势与水势，避免各种冲煞。绿树成荫、山水环抱、地形平坦且开阔的缓坡地的向阳面是建造土楼的最理想地点。客家人会在后山和水口营造风水林，改善居住的小环境。风水先生先定出正门门槛的位置，再用罗盘分金，确定平面中轴线，即圆楼的方位朝向。

主人与工匠商议，根据人力物力财力状况、基址大小和所需房间多少，计算出圆楼的规模、层数和房屋间数，确定整体格局。

相地择吉

步骤 2：动土开基。

动土当天，先要举行隆重的开工仪式。在平面轴线端头不妨碍施工的地方立一根木桩或竹片，贴上"杨公先师"的神符，这既是轴线方位的标记，又是工地上代表木匠与泥水匠祖师的神位。在竖好的杨公先师神位上绑红布带，插上纸扎的金花，备好三牲供品、香烛金纸，再摆上代表鲁班仙师的墨斗曲尺、代表荷叶仙师的泥水匠工具等。接着杀鸡祭神，鸣放鞭炮，主人与工匠们一同祭拜诸位祖师爷，祈求工程顺利。在日后的施工过程中，匠人们每天都会来烧根香，直到完工举行谢神仪式为止。

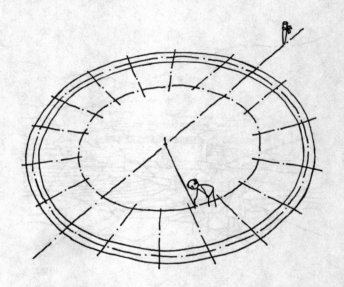

地基放线（根据《福建土楼——中国传统民居的瑰宝》插图绘制）

由门槛中点出发，沿轴线找到平面的圆心位置，以此为基点放线，画出基槽和墙体的位置。在择定的吉日吉时动土开挖基槽。闽南地区的工匠有开基吉语可做参考：

　　一开地基，千年富贵；二开地基，百年兴旺；三
开地基，人丁大旺千万口。代代科甲美名扬，流芳千
古人赞赏[7]。

　　基槽深度视具体土质而定，一般挖至老土（生
土），深0.6～2米不等；比墙脚略宽（约40厘米）。
若碰上烂泥田或河边的沙地，则要在基槽内打上密密
的松木桩，上铺两三层粗大的松木作枕。俗语有"风
吹千年杉，水浸万年松"的说法，老松木富含油脂，耐
水浸泡。

开挖地基

7. 刘浩然：《闽南侨乡风情录》，香港闽南人出版有限公司，1998，第
130页。

步骤 3：打石脚。

当地将垫墙基、砌墙脚统称为"打石脚"。垫墙基之前，先要在中轴线后端的基槽内安放"五星石"。这是五颗代表"金木水火土"五行的卵石，按五行相生相克的顺序码放在基槽内，取万物生生不息之意。将鸡血淋在五星石上，称为"刮红制煞"。接着主人发放红包、鸣放鞭炮，开始垫墙基。墙基用大块的卵石垒砌，空隙用小块卵石填塞，直至将基槽填满。

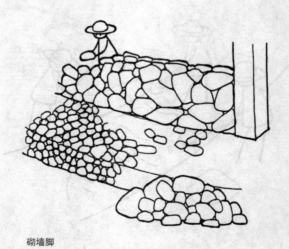

砌墙脚

地平以上的石作部分称为"墙脚"，采用大块河卵石或块石干砌，不用任何黏结剂，这样的砌法不怕水浸和潮气，比用灰浆的湿砌更为牢固。卵石墙脚的砌法很有讲究，石块要小头朝外、大头朝内、相互卡住，当地称为"勾石"。这样砌好的石块很难从墙外撬开，防御作用明显。墙脚的宽度与墙基相同，由下向上有一定的收分，使墙体更稳固。墙脚通常高0.6～1米，洪水地区的墙脚要砌至最高水位线以上，起防水防潮、保护土墙的作用。

步骤4：行墙。

墙脚砌好，开始用模板夯筑土墙，称为"行墙"。土墙是土楼的重要组成部分，行墙前夜主人要摆动工酒，并在开工时燃放鞭炮。

行墙

土墙一般选用黏性较好、含沙量较多的黄土夯筑，或者在土中掺入"田底泥"或"老墙泥"，敲碎、拌匀，以增加土墙的强度、减少开裂。

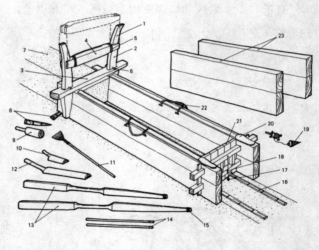

1. 墙卡 (总称)	6. 竹销	11. 墙铲	16. 竹筋	21. 挡板
2. 狗臂	7. 已夯土墙	12. 拍板	17. 小铅垂	22. 提手
3. 狗颈	8. 竹墙钉	13. 舂杵	18. 垂线标志	23. 接口板
4. 撑棍	9. 木槌	14. 墙针	19. 铅垂	
5. 扎铁丝	10. 补板	15. 铁头	20. 胶皮垫	

夯土墙模板与工具示意图（《福建土楼——中国传统民居的瑰宝》）

夯土墙所用的模板与新中村类似，客家人称为"墙枋"（闽南人则称"墙筛"）。模板高约40厘米，长1.5～2米，用5～7厘米厚的杉木板制成，零件颇多。每版土墙分四到五次夯筑,称"四伏土"或"五伏土"。

与现代的钢筋混凝土建筑类似,土墙中要加入杉木条或长竹片作为配筋。沿墙身方向,在每两伏土之间加长竹片作"拖骨",土墙中加小杉木条为"墙筋",起拉结作用,增加土墙的整体性。墙筋与土墙同长,分排放置,每排水平间隔约20厘米。故土墙越厚,墙筋也就用得越多。

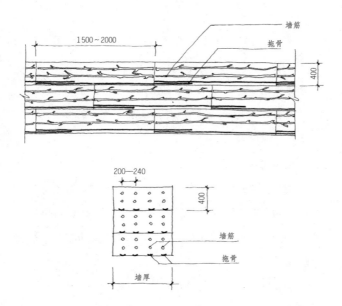

夯土墙断面示意图(《福建土楼——中国传统民居的瑰宝》)

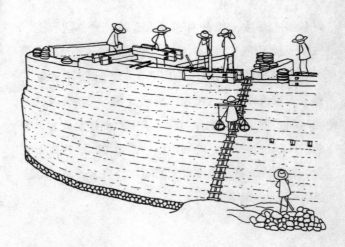

夯筑二层土墙

大型土楼的内外墙每夯筑一版高度至少需要半个月时间。上下层各版之间须交错夯筑，不能出现通缝。夯土墙过程中，要在门窗洞口上方预埋木过梁，待土墙夯好、墙体完全干透后，再开挖到需要的洞口尺寸，安装门窗框。

步骤5：献架。

土楼外圈采用夯土墙承重，内部则由木结构支撑。每夯好一层楼高的土墙，要在墙顶挖出搭接楼板龙骨的凹槽，在内侧竖木柱、架木梁，这道工序称为"献架"。

竖第一层柱子要择良辰吉日，贴对联、放鞭炮、做糯米点心庆祝，二层以上就不需要了。从大厅的柱子开始竖起，再在内侧柱子间架一圈横梁。横梁与土墙间支数根龙骨（当地称"棚盛chéng"），龙骨上再铺楼板（即"棚"），并用热砂子炒过的竹钉固定。初搭棚盛时，架在土墙上的一端要略高于内侧一端，随着夯土墙干透、收缩，外端支槽降低，棚盛就变为水平了。各地土质不同，土墙收缩的程度也不同，少的两三厘米，多的可达七八厘米，因此要根据经验确定初始时外端抬起的高度。

按照通常的速度，大型土楼一年能建起一层的高度。盖一座三四层的土楼需要花上三四年的时间。顶层土墙夯筑完毕时会放鞭炮庆祝，并在当天把中梁上好，即为"完工"。主人要办"完工酒"，煮红汤圆，一来庆祝完工；二来答谢工匠及帮工的亲朋好友。

圆楼顶层采用穿斗与抬梁混合的木构架形式。与其他地方类似，圆楼正厅屋顶的脊檩为大梁，是最重要的一根木构件。要请风水先生择定良辰吉时，举行隆重的"上红仪式"。仪式由木匠师傅主持。上梁之前，要在梁身上涂红漆、画八卦、披红布，用鸡血点红，大梁正中对称地挂上几包五谷、钉子、书卷等，取五谷丰登、人丁兴旺之意。木匠批梁布、挂吉物、鸡血点梁时都有配套的吉语唱诵。鞭炮声中，木匠和泥水匠师傅口念吉语，各主一端，将大梁升上柱头安放完毕。之后主人向风水先生、木匠、泥水匠师傅分发红包，摆酒席，酬谢工匠、宴请宾朋。

步骤6：出水。

为屋顶盖瓦的工序称为"出水"。

上梁之后，开始在架上搁檩（当地称"桁"），檩上铺望板（当地称"桷枋"）。望板要用竹钉固定在檩子上，钉法是有讲究的：每开间在室内可见的桷枋片数按"天、地、人、富、贵、贫"六字排序，最后一片要钉"天"钉"地"不钉"人"、钉"富"钉"贵"不钉"贫"，即可见的望板数量不能是3的倍数。

福建气候温暖湿润，夏季降水量大。土楼屋面通常采用4.5:10或5:10（当地称4.5度或5度）的坡度，以便排水。望板上铺瓦，采用合瓦做法，上面的瓦至少要盖住下面的一半以上，铺得密的可用"压二露一"的比例。在瓦面上压青砖，防止大风掀瓦。为保护土墙不受雨水侵袭，屋顶外侧较内侧出檐深远许多，可达3米。

出水

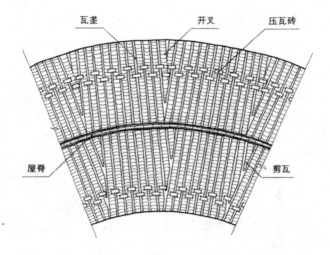

圆楼屋面"剪瓦"做法（《福建土楼——中国乡土建筑的瑰宝》）

圆楼屋面盖瓦时会采用俗称"剪瓦"的做法：每开间的瓦垄彼此保持平行，开间与开间之间做一个"开岔"，形似剪刀，重叠的瓦片稍作削减。这样不但施工方便，也利于排水。

出水完毕土楼的主体结构即已完成。主人要办"出水酒"慰劳工匠，同时举行谢神仪式答谢杨公先师，或将神符请入厅中，或焚烧杨公符，"送神归天"。

步骤7：装修。

土楼的规模庞大，内外装修也需要至少一年的时间。内装修包括铺楼板、装门窗格扇、安走廊栏杆、架楼梯、装饰祖堂等；外装修包括开窗洞、安门窗，修台基、石阶，制楼匾、门联等。

　　搬新家时，事先把大件家具搬迁完毕。待择定的吉日吉时一到，全家老少按年龄列队，长辈在前，小辈在后，各人手中拿着小件物品，边走边说吉利话，放鞭炮，热热闹闹迁入新居。

　　一座大型土楼从动工到装修完毕，需要四五年的时间，更大的甚至会花上十几年甚至二三十年的时间建造。

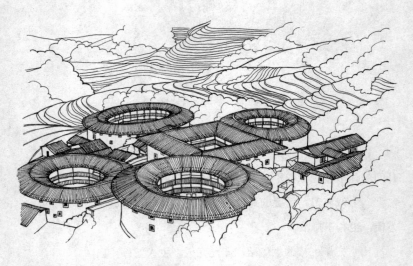

南靖县田螺坑的一方一椭三圆五座土楼

玖　蒙古包[1]

1. 草原毡包

　　学生时我们都背诵过北朝民歌《敕勒歌》中"天似穹庐，笼盖四野"的词句。"穹庐"是古代对游牧民族居住的毡帐、毡包的叫法，已有两千多年的历史。游牧民族逐水草而居，没有固定的住所，需要经常搬迁，可移动性是人们对住宅的最基本需求。草原上缺乏木料，却有丰富的动物皮毛可供利用，于是毡包这种居住形式便应运而生了。它以木条为骨架，用毛毡做围护材料，靠皮绳绑扎固定，易于拆卸和搭建，轻便耐用，方便运输。

　　蒙古包是最为人所熟知的一种毡包形式，蒙语称"蒙古勒格日"，"蒙古包"是满语的叫法。"包"是满语中"家""屋"的意思。除蒙古族外，哈萨克、塔吉克、鄂温克、达斡尔等民族都有属于自己的毡包样式，它们的构造原理大致相同，在体型、细节上略有差异。

　　蒙古包平面呈圆形。在同等使用面积和高度的前提下，圆柱形维护结构的表面积最小，与任意风向垂直的墙体面积也最小。这样的造型既有利于保温，又有利于风压的分散和承受。

　　南宋彭大雅所著《黑鞑事略》中，记载了当时两种毡包的形制。今天我们常说的蒙古包属于可以卷舒

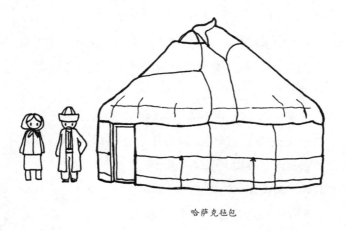

哈萨克毡包

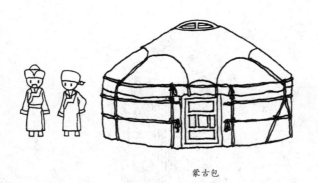

蒙古包

哈萨克族的毡包比蒙古包略大，顶部更尖

的"燕京之制"，由"陶脑""乌尼""哈那""乌德"等预制构件组成，这些构件在市场上都可以买到。

"陶脑"是蒙古包的天窗，位于蒙古包的顶部，呈圆环形，中央有拱形的梁支撑，用木头制造。"乌尼"是形如伞骨的长杆，以柳木为佳，撑开后形成蒙古包顶棚的骨架。陶脑的大小决定了乌尼的长短与根数。传统的陶脑与乌尼是一体的，乌尼顶端铰接在陶脑外圈上，可在垂直面内转动。现在的工厂使用轻质金属制造陶脑与乌尼，二者是分开的，陶脑外侧有一圈金属插槽，乌尼端头要插入其中固定。乌尼下端连有皮绳做的套，套在下方的哈那上。

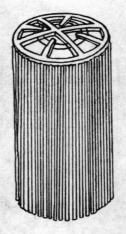

收起的陶脑与乌尼

　　"哈那"是由直径1寸（约3.3厘米）的柳条或桦木编成的网片，节点处用皮绳绑扎固定，网眼呈菱形，可以收合。若干片哈那展开后首尾相连，再围上毛毡，便形成了蒙古包的墙体。一片哈那展开时可形成一堵高1.4～1.5米、宽3米的栅栏墙。

　　蒙古包的大小由所用哈那的数量决定。家里住的普通蒙古包一般使用4～6片哈那。4片哈那的蒙古包称为"四合包"，直径4米左右，面积在12～16平方米。大蒙古包需要8～10片哈那。举行草原那达慕盛会的蒙古包可用到12片哈那。

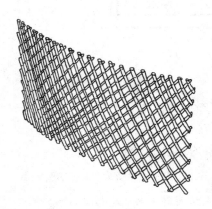

展开与收起的哈那（根据《图说民居》插图绘制）

　　"乌德"即蒙古包的门，用木头做成，与哈那同高。门框上有孔，穿过皮绳绑定乌德与哈那。为避免西北风直灌入蒙古包内，门一般朝南或东南方向开启。

　　蒙古包最外层使用毛毡包裹，皮绳捆绑固定。现在有厂家生产用印花帆布等新材料做外层围护的蒙古包。

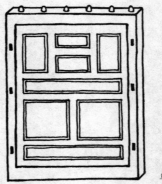

乌德

　　过去普通牧民家庭一般拥有两座蒙古包，一座住人，一座是仓库或厨房。富裕人家拥有的蒙古包可达6～8座。

　　传统的蒙古包内分区明确，陈设物品位置固定。蒙古族崇拜火，蒙古包中心放置火种，现在则用炉灶，炉子的烟囱向上从天窗伸出。地面铺地毯。包内摆设遵循尚右的习俗，主位正对大门，客人在右。进门不脱靴，人们盘膝坐在地毯上，奶茶、美酒与美食就放在脚边。家具贴蒙古包墙壁摆放。主人右手边供奉佛龛，背后置床桌，左手边放竖柜。入口左侧是男性家庭成员的位置，放置男人放牧、狩猎的用具；右侧是女人和孩子的位置，放燃料箱、炊具、奶具等。
夏天，人们将蒙古包底部的毡子掀起、绑定，以便通
风透气。

　　近年来，牧民的生活习惯有所改变。一些蒙古包
中添置了床、桌、椅等家具，人们不再席地而坐，也
就不大需要铺地毯了。

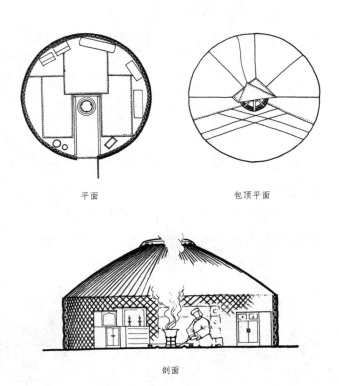

平面　　　　　　　　　　　　　　包顶平面

剖面

蒙古包的平、剖面示意图（《中国古代建筑史（第二版）》）

2. 蒙古包的搭建

男人   女人

本篇登场人物

登场人物：牧民一家。住得较近的几家牧民在搭建蒙古包时会互相帮忙。

牧民使用勒勒车作为游牧迁徙的运输工具。勒勒车，又名大轱辘车、罗罗车、牛牛车，是蒙古族的

传统交通工具。车身用桦木或榆木制成，常用牛拉。
"勒勒"本是牧民吆喝牲口时的喊声。勒勒车的特点
是轻便易驾，车轮大车身小，适宜在草原、雪地、沼
泽、沙地上行走，可用来拉米、牛奶，搬运蒙古包和
柴草等物品。车辕长约4米，自重百斤，可载货五六百
斤至千余斤。行驶时可首尾相连，一辆辆排成长长的
车队，一个妇女或儿童即可驾车七八辆甚至十余辆，
故有"草原列车"之称。一般的蒙古包拆卸折叠后，
用几辆勒勒车就可以运走。

　　为避免积灰积水，人们通常选择在地势较高处架
设蒙古包。几个人拆卸或安装一座蒙古包只需不到一
个小时的时间。

驾勒勒车搬家

步骤 1：铺地面。

　　将选定基址上的草皮铲去，略加平整。确定蒙古包入口的朝向和位置。

　　蒙古包内部有铺地板和不铺地板两种做法。没有地板的，先在地面上铺一层砂，再在砂上铺特制加厚的两三层毛毡、地毯即可。

平整场地

　　木地板是预制的几大块，每块下带有平行的龙骨，将地板垫起至适宜的高度。人们将几块地板拼装到位，地板上再铺毛毡和地毯。中央生火的蒙古包，炉子下方至入口的带状区域不铺地板。

铺地板

步骤 2：竖围墙。

架设传统蒙古包时，两个成年男人合力将陶脑与乌尼从车上搬下，抬至蒙古包中心竖起备用。

将乌德竖起，就位。

卸陶脑与乌尼

安门

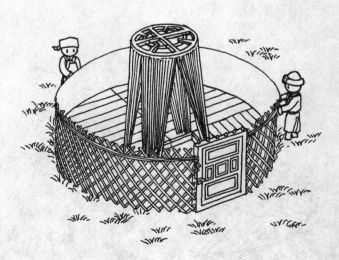

绑哈那

　　展开哈那，相邻两片哈那的头尾之间用驼毛绳或
牛皮绳绑扎。顺次连接这些哈那，一头一尾固定在门
框上。最后用马鬃绳穿过门框一侧的孔洞，环绕哈那
一圈，拉紧，穿过门框另一侧的孔洞，打结，绑牢，
整体固定。

哈那的连接

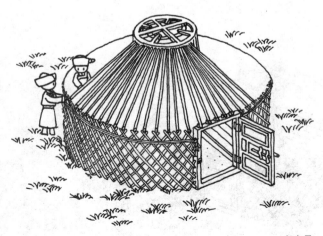

架乌尼

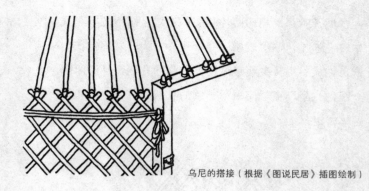

乌尼的搭接（根据《图说民居》插图绘制）

步骤 3：架屋顶。

有人在里有人在外，将一根根乌尼提起，搭在哈那上，端头用绳圈套好，乌德上方的乌尼绑在门框上方的小木柱头之上。

搭建分体式的陶脑与乌尼时，一个成年男子登高站立，双手伸直将陶脑托起至适当的高度，其他人将一根根乌尼的上端插入陶脑周围的槽口中，下端架在哈那上，套好绳圈。

分体式陶脑与乌尼的搭建

乌尼全部架起绑定后，蒙古包的骨架就安装完成了。

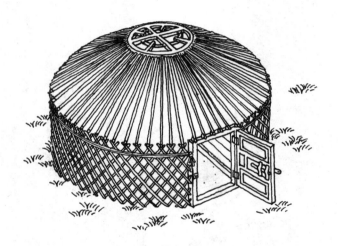

骨架安装成型（根据《图说民居》插图绘制）

步骤 4：铺围毡。

哈那、乌尼外部需包裹围毡保温。人们会根据温度的高低加减蒙古包外围毡的厚度：夏季只盖一层围毡，春、秋两层，寒冬三层。乌尼上的毛毡呈扇面状，铺时小头在上、大头在下。陶脑上盖有一块四方的毡顶，蒙语称"额入和"，四角的扣绳绑住下方。夜间满盖，白天掀起一半用于采光。讲究些的蒙古包会在穹窿顶上再铺一层花毡做装饰。

围毡铺好后，用马鬃绳捆绑固定。蒙古包便组装
完成了。

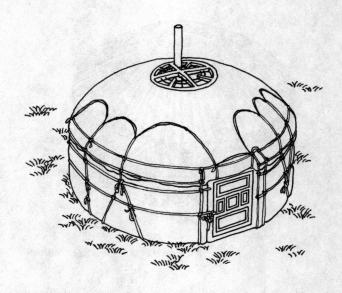

蒙古包组装完成（根据《图说民居》插图绘制）

步骤 5：新包祝祭。

与其他民族建新房一样，搭建一座新蒙古包对
牧民来也说是一件大事，当蒙古包更换陶脑、乌尼、
乌德等构件时，也要对新部件洒美酒和奶食品献祭祝
福。当为一对新人建蒙古包时，更要请来亲朋好友，
举行隆重的祝福仪式。

　　仪式开始，主人专门请来的祝祭人在蒙古包外，手持系有哈达的"洒楚礼"[2]，边向蒙古包各部位献祭，边用蒙语大声吟唱《格日因业如乐》，即蒙古包祝词。

　　唱诵的结尾处，祝祭人用"洒楚礼"向天上地下、四面八方的神灵祈求保佑，接着众人走入蒙古包内，边唱《齐格达格业如乐》祝颂，边按照祝词中唱的，主人和客人用鲜奶和美食的德吉[3]涂抹齐格达格献祭，上端系上穿满钱币的哈达，下端固定在蒙古包上首处的木橛子上。仪式完毕，众人落座，开始欢宴。

---

2. 一种专门用来献祭的九眼勺。
3. 德吉，原义表示饮食品的"头一份"，后引申为"良""精华""珍品"等含义。蒙古族现在常说的"德吉"指献给苍天、大地和祖先的饮食品的首份，或把要食用的酒肉等饮食品献给客人的首份。

后　记

　　这本书介绍的是老房子——中国传统民居的建造过程。我们看到，从家宅的选址定位、确定吉期，到采买材料、施工建造，再到乔迁新居，每一个步骤，都是那么谨慎而隆重——无论主人还是工匠，对此都无比重视。建造一座宅院，可能花上几年甚至十几年、几十年的时间。因为在过去，房子是会陪伴人们一生的伙伴。一个人的一生可能还不够，父亲会将房子传给儿子，儿子再传给孙子——家宅是先人留给后代的财富，承载着个人和家族的记忆。人们在其中出生、长大、结婚、生子、衰老、死亡。闯荡在外的游子，无论身在何处，总是心心念念着家中的一砖一瓦、一草一木。主人对生活的热爱，自然而然地投射到他们居住的房屋之中，人们精心建造它、修饰它、养护它。老宅子是与居住于其中的人们共生的，是有生命的。有人居住的房子，即使年代再久，也可以保存得很好；而一旦主人离开、屋中失了人气，就算再好的房子，一年半载之后，也会变为一片断壁残垣。

　　在我们生活的时代，交通与通信方式的改变，消弭了时间与空间的距离。古人要走几个月的路程，现在只需几个小时就可到达；古人要等数月才能收到的信件，我们即刻就能接收到消息并给予回复；古人要盖数年的房子，现在从设计到建成，也只需短短几个月的时间，规模还比过去大得多。我们的世界再不会有一封抵万金的家书，却有无数想拦也拦不住的垃圾邮件和短信。我们再不会有老祖宗传了几代的祖宅，却只能拥有产权70年、还随时可能被拆除或出卖的房产。我们从没有像今天这样，人与人生活得这么近，却又离得那么远。在我们的时代，所有的东西得来全不费工夫，于是我们忘记了这个世界上还有值得珍惜的东西，也忘记了珍惜它们的方法。

我希望这是一本可以让人读得轻松的书。然而，现实却总是沉重的。

改革开放后的这几十年，是中国经济大发展的时代，随之而来的，是越来越快的城市化进程与如火如荼的新农村建设。在一轮又一轮的规划、圈地、拆迁、新建中，城市里的传统街区逐渐消失，取而代之的是宽阔的马路和一座座高耸的钢筋混凝土建筑，村落中的街巷与独具地方特色的乡土建筑不见了踪影，新农村里却满是鱼骨型的路网和千篇一律的混凝土楼房。

老房子是先人留给我们的宝贵遗产，蕴含着丰富的历史文化信息。当我们中的大多数人还没有意识到它们的真正价值的时候，它们正经历着一场比"破四

江西吉安·上文山路一角

旧"运动更大的浩劫。过去盖一栋房子，要经过几年甚至十几年、几十年的时间，需要众多技艺精湛、经验丰富的工匠们的集体劳动与智慧。今天我们拆除一栋房子，却只在一朝一夕之间。拆掉一座

二〇〇四·七·二十九

江西调研·吉安·上文山路一角

　　老房子，也许腾出了一块可以让某些人一夜暴富的地皮，但也拆除了依附于其上的文化与记忆，破坏了一段永不能复制的历史。

　　相较于得到的，其实我们失去的更多。

参考文献

1. 刘敦桢. 中国古代建筑史（第二版）. 北京：中国建筑工业出版社，1984.

2. 潘谷西. 中国建筑史（第四版）. 北京：中国建筑工业出版社，2001.

3. 陈志华，李秋香. 住宅. 北京：生活·读书·新知三联书店，2007.

4. 孙大章. 中国民居研究. 北京：中国建筑工业出版社，2004.

5. 汪之力. 中国传统民居建筑. 济南：山东科学技术出版社，1994.

6. 王其钧. 图说民居. 北京：中国建筑工业出版社，2004.

7. 李浈. 中国传统建筑木作工具. 上海：同济大学出版社，2004.

8. 刘大可. 中国古建筑瓦石营法. 北京：建筑工业出版社，1993.

9. （明）午荣. 鲁班经（白话译解本）. 张庆澜，罗玉萍，译注. 重庆：重庆出版社，2007.

10. [瑞典]林西莉. 汉字王国. 北京：生活·读书·新知三联书店，2007.

11. （明）宋应星. 天工开物. 北京：中国社会出版社，2004.

12. 贾珺. 北京四合院（中国古代建筑知识普及与传承系列丛书·北京古建筑五书）. 北京：清华大学出版社，2009.

13. 马炳坚. 北京四合院建筑. 天津：天津大学出版社，1999.

14. 邓云乡. 北京四合院·草木虫鱼. 石家庄：河北教育出版社，2004.

15. 李秋香. 十里铺. 北京：清华大学出版社，2007.

16. 左满常. 河南民居. 北京：中国建筑工业出版社，2007.

17. 毛葛. 巩义三庄园. 北京：清华大学出版社，2013.

18. 李秋香，陈志华. 新叶村. 石家庄：河北教育出版社，2003.

19. 孙娜，罗德胤. 龙脊十三寨. 北京：清华大学出版社，2013.

20. 郭立新. 天上人间——广西龙胜龙脊壮族文化考察札记. 南宁：广西人民出版社，2006.

21. 李秋香. 高椅村. 北京：清华大学出版社，2010.

22. 黄汉民. 福建土楼——中国乡土建筑的瑰宝. 北京：生活·读书·新知三联书店，2009.

23. 刘浩然. 闽南侨乡风情录. 香港：香港闽南人出版有限公司，1998.

24. 巴·布和朝鲁. 蒙古包文化. 呼和浩特：内蒙古人民出版社，2003.